U0163590

C 程序设计与问题求解实践教程

主 编 刘 杰 徐 丽 孟宇龙

副主编 丛晓红 郎大鹏 唐立群

王兴梅 鞠成东

科学出版社

北 京

内 容 简 介

本书是《C程序设计与问题求解》的配套实践教材。本书旨在提高读者的计算思维，以及问题求解类课程的教学效果和教学质量，使读者在学习过程中通过同步练习、上机实验及综合实践，深入理解和掌握计算思维，熟练使用 C 语言进行程序设计。

本书共 3 篇：语法基础实践篇、问题求解实践篇和综合实践案例篇。语法基础实践篇对《C程序设计与问题求解》教材各章的知识要点进行了总结，并精选大量的习题辅以同步练习，巩固基础语法知识；问题求解实践篇按照《C程序设计与问题求解》教材中 10 章的内容，分别设计了程序设计与问题求解实验内容，包括验证型实验和设计型实验；综合实践案例篇包括 3 个具体的综合实践案例，突出介绍较复杂问题的求解方法，启发与帮助读者运用计算思维方法解决复杂工程问题，以提高读者多学科交叉融合创新能力。

本书适合作为高等院校计算思维与程序设计相关课程的同步配套教材，也可以作为自学计算思维与程序设计的参考书。

图书在版编目（CIP）数据

C 程序设计与问题求解实践教程 / 刘杰，徐丽，孟宇龙主编. —北京：科学出版社，2023.8
ISBN 978-7-03-076157-6

Ⅰ．①C⋯　Ⅱ．①刘⋯　②徐⋯　③孟⋯　Ⅲ．①C 语言－程序设计－高等学校－教材　Ⅳ．①TP312.8

中国国家版本馆 CIP 数据核字（2023）第 149371 号

责任编辑：于海云 / 责任校对：王　瑞
责任印制：霍　兵 / 封面设计：迷底书装

科 学 出 版 社 出版
北京东黄城根北街 16 号
邮政编码：100717
http://www.sciencep.com

北京市寅东印刷有限公司 印刷
科学出版社发行　各地新华书店经销
＊

2023 年 8 月第 一 版　开本：787×1092　1/16
2023 年 8 月第一次印刷　印张：12 1/2
字数：296 000

定价：**39.80 元**
（如有印装质量问题，我社负责调换）

前　言

党的二十大报告指出："我们要坚持教育优先发展、科技自立自强、人才引领驱动，加快建设教育强国、科技强国、人才强国，坚持为党育人、为国育才，全面提高人才自主培养质量，着力造就拔尖创新人才，聚天下英才而用之。"计算思维是一种系统高效地完成信息处理任务的思维模式，涉及运用计算机科学的基础概念去进行问题求解、系统设计和人类行为理解。计算思维不但是现代信息科学相关专业技术人员应具备的核心思维之一，也是高等院校人才培养的重要内容。

"C 程序设计与问题求解"课程面向大学低年级本科生开设，课程的主要目标是以 C 语言程序设计为载体，培养学生的计算思维，促进学生的计算思维与各专业思维交叉融合形成复合型思维，为各专业学生今后设计、构造和应用各种计算系统求解学科问题奠定思维基础。同时，"C 程序设计与问题求解"课程实践性很强，为此，编写本书作为《C 程序设计与问题求解》的配套教材，希望能够有利于培养学生计算思维、工程计算和交叉学科创新能力。

本书共 3 篇：语法基础实践篇、问题求解实践篇和综合实践案例篇。语法基础实践篇共7 章（第 1～7 章）：简单的 C 程序设计、控制结构、函数、数组、指针、结构体和文件。每章都由语法知识要点、习题和习题参考答案与解析 3 部分组成。问题求解实践篇共 2 章（第8、9 章）：程序开发调试环境和程序设计实践。其中，第 8 章介绍程序开发步骤和程序开发工具；第 9 章针对《C 程序设计与问题求解》教材的每章内容设计了相应的实验，除了 9.1节和 9.10 节以外，其他实验都由实验目的、验证型实验和设计型实验 3 部分组成，共计 100道实验题目。综合实践案例篇共 3 章（第 10～12 章）：非负大整数运算、机器人路径规划和学生成绩管理系统。该篇主要以 3 个综合案例讲解较复杂问题的求解方法与步骤，以拓展学生的问题求解能力，促进高阶思维能力和创新能力。

本书由哈尔滨工程大学计算机学院计算机教育与实验创新中心教师编写。具体分工：刘杰编写第 3 章、第 7 章、9.4 节和 9.8 节，徐丽编写第 6 章、9.7 节和第 10 章，孟宇龙编写 9.9节和第 11 章，丛晓红编写第 1 章、第 5 章、9.2 节和 9.6 节，郎大鹏编写第 8 章，唐立群编写第 4 章和 9.5 节，王兴梅编写第 2 章和 9.3 节，鞠成东编写 9.1 节、9.10 节和第 12 章。全书由刘杰教授负责筹划、统稿，由鞠成东负责统稿及校对。

感谢哈尔滨工程大学计算机学院和科学出版社在本书出版过程中的大力支持。

由于时间仓促和编者水平有限，书中难免有不妥之处，竭诚欢迎广大读者批评指正。

编　者

2023 年 4 月

目 录

语法基础实践篇

问题求解实践篇

综合实践案例篇

语法基础实践篇

第 1 章　简单的 C 程序设计

1.1　语法知识要点

1. C 程序的基本语法要素

1)C 语言源程序的构成、main 函数和其他函数

每个 C 语言程序都是由若干个函数组成的,其中包含一个"主函数"main()和其他函数。其他函数包括用户编写的函数和 C 语言本身提供的标准库函数。程序的运行总是从 main()函数开始执行的。函数是 C 程序的基本单位。

2)函数的组成

每个函数是由函数说明部分和函数体两部分组成的。函数的说明部分包括函数名、函数的形式参数、函数的值的类型等。函数体是由大括号"{ }"括起的部分,由变量定义和执行部分组成。函数的执行部分是由 C 语句组成的。这些 C 语句是按照结构组成起来的,这些结构有 3 类,即顺序结构、选择结构和循环结构。结构之间可以并列和嵌套。

3)头文件

包含头文件的格式:

```
#include "头文件名"或#include <头文件名>
```

例如:

```
#include "stdio.h"或#include <stdio.h>
```

它的作用是将文件 stdio.h 的内容插入#include "stdio.h"所在的位置。

当调用 C 语言标准函数库中输入输出类函数时,要把头文件 stdio.h 包含在程序的开头;当调用 C 语言标准函数库中数学类函数(如 sin、sqrt)时,要把头文件 math.h 包含在程序的开头。

4)源程序的书写格式

C 语言的书写格式比较自由,一行可以写几条语句,一条语句可以写在几行里,每条语句和数据定义的最后一个字符必须是分号";"。

C 语言的注释信息格式为:"/*　注释信息　*/"。

C 语言区分字母的大小写。

5) C 语言的风格

语言简练、使用方便：有 32 个关键字、9 种控制语句；运算符丰富；数据类型丰富：有整型、实型、字符型、枚举类型等基本数据类型，有数组、结构体、共用体等构造类型和指针类型，能够实现复杂的数据结构；可直接访问地址；可以进行位操作；可移植性好。

2. 基本数据类型

C 语言的数据类型分为：基本类型、构造类型、指针类型、空类型。其中，基本类型包含：整型(带符号整型 short int、int、long int，无符号整型 unsigned、unsigned short、unsigned long)，实型(单精度型 float、双精度型 double)，字符型 char，枚举类型。

C 语言中 short int 数据用 2 字节(16 位二进制数)的补码表示，表示整数的范围是-32 768 到 32 767。unsigned 数据用 2 字节二进制数(16 位二进制数)表示，表示整数的范围是 0 到 65 535。

3. 运算符与表达式

C 语言程序是由若干个函数组成的，每个函数由函数说明和函数体两部分组成。函数体是由大括号"{ }"括起的部分，由变量定义和执行部分组成。函数的执行部分是由 C 语句组成的。因此在学习 C 语言的过程中要注意熟练掌握 C 语言中的各种语句，能够灵活运用 C 语言中的各种语句。而构成 C 语句的核心是表达式，C 语言中有算术表达式、赋值表达式、逗号表达式、关系表达式、逻辑表达式和条件表达式，表达式是由常量、变量、函数和运算符构成的。

C 语言运算符的优先级和结合性十分重要，在学习中要牢记。C 语言的运算符按照优先级从高到低排列如表 1-1 所示。

表 1-1　C 语言的运算符优先级

优先级	运算符	运算符类别	结合方向
1	() [] -> .		自左至右
2	! ~ ++ -- - (类型) * & sizeof		自右至左
3	* / %	算术运算符	自左至右
4	+ -	算术运算符	自左至右
5	<< >>	移位运算符	自左至右
6	< <= > >=	关系运算符	自左至右
7	== !=	关系运算符	自左至右
8	&	按位与运算符	自左至右
9	^	按位异或运算符	自左至右
10	|	按位或运算符	自左至右
11	&&	逻辑运算符	自左至右
12	||	逻辑运算符	自左至右
13	?:	条件运算符	自右至左
14	= += -= *= /= %= <<= &=	赋值运算符	自右至左
15	,	逗号运算符	自左至右

C 语言表达式的计算顺序应遵从表 1-1 所示的运算优先级，按从高到低的顺序依次计算。

4. 基本输入输出

输入输出函数：输出函数 printf，字符输出函数 putchar，输入函数 scanf，字符输入函数 getchar。常用格式符：输出整数格式符%d、%u、%x、%o；输出实数格式符%f、%e、%g；输出字符和字符串格式符%c、%s。

1.2　习题

1.2.1　选择题

【1.1】下列可以作为 C 语言用户标识符的是(　　)。

　　A. 123　　　　　　B. a1b2c3　　　　　　C. int　　　　　　D. 123abc

【1.2】以下程序的输出结果是(　　)。

```
#include<stdio.h>
int main(){
    int a = 2,c = 5;
    printf("a = %%d,b = %%d\n",a,c);
}
```

　　A. a = %2,b = %5　　　　　　　　　　B. a = 2,b = 5

　　C. a = %%d,b = %%d　　　　　　　　　D. a = %d,b = %d

【1.3】在 C 语言中，不正确的 short int 类型的常数是(　　)。

　　A. 32768　　　　　B. 0　　　　　　　　C. 037　　　　　　D. 0xAF

【1.4】以下程序的输出结果是(　　)。

```
#include<stdio.h>
int main (){
    int i = 010,j = 10;
    printf("%d,%d\n",++i,j--);
}
```

　　A. 11,10　　　　　B. 9,10　　　　　　　C. 010,9　　　　　D. 10,9

【1.5】以下选项中合法的实型常数是(　　)。

　　A. 5E2.0　　　　　B. E–3　　　　　　　C. .2E0　　　　　D. 1.3E

【1.6】以下选项中合法的用户标识符是(　　)。

　　A. long　　　　　　B. _2Test　　　　　C. 3Dmax　　　　D. A.dat

【1.7】以下非法的赋值语句是(　　)。

　　A. n = (i = 2,++i);　B. j++;　　　　　　C. ++(i+1);　　　D. x = j>0;

【1.8】设 a 和 b 均为 double 型变量，且 a = 5.5、b = 2.5，则表达式(int)a+b/b 的值是(　　)。

　　A. 6.500000　　　B. 6　　　　　　　　C. 5.500000　　　D. 6.000000

【1.9】已知 i、j、k 为 int 型变量，若从键盘输入：1, 2, 3<回车>，使 i 的值为 1、j 的

值为 2、k 的值为 3，以下选项中正确的输入语句是(　　　)。

  A．scanf("%2d%2d%2d",&i,&j,&k)；   B．scanf("%d %d %d",&i,&j,&k)；

  C．scanf("%d,%d,%d",&i,&j,&k)；   D．scanf("i = %d,j = %d,k = %d",&i,&j,&k)；

【1.10】与数学式子 $3*x^n/(2x-1)$ 对应的 C 语言表达式是(　　　)。

  A．3*x^n(2*x−1)   B．3*x**n(2*x−1)

  C．3*pow(x,n)*(1/(2*x−1))   D．3*pow(n,x)/(2*x−1)

【1.11】设有定义"long x = −123456L;"，则以下能够正确输出变量 x 值的语句是(　　　)。

  A．printf("x = %d\n",x)；   B．printf("x = %ld\n",x)；

  C．printf("x = %8dL\n",x)；   D．printf("x = %LD\n",x)；

【1.12】若有以下程序：

```
#include <stdio.h>
int main(){
    int k = 2,i = 2,m;
    m = (k += i* = k);printf("%d,%d\n",m,i);
}
```

执行后的输出结果是(　　　)。

  A．8,6   B．8,3   C．6,4   D．7,4

【1.13】以下选项中，与 k = n++完全等价的表达式是(　　　)。

  A．k = n,n = n+1   B．n = n+1,k = n

  C．k = ++n   D．k += n+1

【1.14】有以下程序

```
#include <stdio.h>
int a = 3;
int main(){
    int s = 0;
    { int a = 5; s += a++; }
    s += a++;
    printf("%d\n",s);
}
```

程序运行后的输出结果是(　　　)。

  A．8   B．10   C．7   D．11

【1.15】若有定义"int a = 8,b = 5,c;"，执行语句"c = a/b+0.4;"后，c 的值为(　　　)。

  A．1.4   B．1   C．2.0   D．2

【1.16】若变量 a 是 int 类型，并执行语句"a = 'A'+1.6;"，则正确的叙述是(　　　)。

  A．a 的值是字符 C   B．a 的值是浮点型

  C．不允许字符型和浮点型相加 D．a 的值是字符'A'的 ASCII 值加上 1

【1.17】以下程序段的输出结果是(　　　)。

```
int a = 1234;
printf("%2d\n",a);
```

  A．12   B．34   C．1234   D．提示出错、无结果

【1.18】以下选项中不属于 C 语言的类型的是(　　)。

    A. unsigned short int　　　　　　B. unsigned long int

    C. unsigned int　　　　　　　　　D. long short

【1.19】在 C 语言程序中,表达式 5%2 的结果是(　　)。

    A. 2.5　　　　　B. 2　　　　　C. 1　　　　　D. 3

【1.20】以下程序的输出结果是(　　)。

```c
#include <stdio.h>
int main(){
    int a = 5,b = 4,c = 6,d;
    printf("%d\n",d = a>b?(a>c?a:c):(b));
}
```

    A. 5　　　　　B. 4　　　　　C. 6　　　　　D. 不确定

【1.21】以下程序的输出结果是(　　)。

```c
#include <stdio.h>
int main(){
    int a = 4,b = 5,c = 0,d;
    d = !a&&!b||!c;
    printf("%d\n",d);
}
```

    A. 1　　　　　B. 0　　　　　C. 非 0 的数　　　　D. −1

【1.22】在以下一组运算符中,优先级最低的运算符是(　　)。

    A. *　　　　　B. !=　　　　　C. +　　　　　D. =

【1.23】若 x、i、j 和 k 都是 int 型变量,则计算下面表达式后 x 的值是(　　)。

```c
x = (i = 4,j = 16,k = 32)
```

    A. 4　　　　　B. 16　　　　　C. 32　　　　　D. 52

【1.24】以下选项中,(　　)是不正确的 C 语言字符型常量。

    A. 'a'　　　　　B. '\x41'　　　　　C. '\101'　　　　　D. "a"

1.2.2　阅读程序

【1.25】下面程序的输出是(　　)。

```c
#include <stdio.h>
int main(){
    int x = 10,y = 3;
    printf("%d\n",y = x/y);
}
```

【1.26】下面程序的输出是(　　)。

```c
#include <stdio.h>
int main(){
    int x = 023;
```

```
    printf("%d\n",--x);
}
```

【1.27】执行下面程序中的输出语句后 a 的值是（　　）。

```
#include <stdio.h>
int main(){
    int a;
    printf("%d\n",(a = 3*5,a*4,a+5));
}
```

【1.28】下面程序的输出结果是（　　）。

```
short int i = 65536;
printf("%d\n", i);
```

【1.29】若有说明和语句：

```
int a = 5;
a++;
```

此处表达式 a++ 的值是（　　）。

【1.30】若 k 为 int 变量，则以下语句输出是（　　）。

```
k = 8567;
printf("|%-06d|\n", k);
```

【1.31】若 x 为 float 型变量，则以下语句输出是（　　）。

```
x = 213.82631;
printf("%-4.2f\n", x);
```

【1.32】若 x 为 double 变量，则以下语句输出是（　　）。

```
x = 213.82631;
printf("%-6.2e\n",x);
```

【1.33】若 ch 为 char 型变量，k 为 int 型变量（已知字符 a 的 ASCII 十进制代码为 97），
则执行下列语句输出为（　　）。

```
ch = 'a';
k = 12;
printf("%x,%o,",ch,ch,k);
printf("k = %%d\n",k);
```

【1.34】已知字母 A 的 ASCII 码为 65，以下程序的输出结果是（　　）。

```
#include <stdio.h>
int main(){
    char c1 = 'A',c2 = 'Y';
    printf("%d,%d\n",c1,c2);
}
```

【1.35】以下语句输出结果是(　　)。

```
int a = 110,b = 017;
printf("%x,%d\n",a++,++b);
```

【1.36】以下程序输出结果是(　　)。

```
#include <stdio.h>
int main(){
    int i = 3,j = 2,a,b,c;
    a = (--i == j++)?--i:++j;
    b = i++;
    c = j;
    printf("%d,%d,%d\n",a,b,c);
}
```

【1.37】请读程序。

```
#include <stdio.h>
int main(){
    int a; float b, c;
    scanf("%2d%3f%4f", &a, &b, &c);
    printf("\na = %d,b = %f,c = %f",a,b,c);
}
```

若运行时从键盘输入 9876543210，则上面程序的输出结果是(　　)。

【1.38】以下程序输出结果是(　　)。

```
#include <stdio.h>
int main(){
    int i = 1,j = 3;
    printf("%d,",i++);
    {int i = 0; i += j*2; printf("%d,%d,",i,j);}
    printf("%d,%d,",i,j);
}
```

【1.39】以下程序的输出结果是(　　)。

```
#include <stdio.h>
int main(){
    int a = 0;
    a += (a = 8);
    printf("%d\n",a);
}
```

【1.40】以下程序输出的结果是(　　)。

```
#include <stdio.h>
int main(){
    int a = 5,b = 4,c = 3,d;
    d = (a>b>c);
```

```
        printf("%d\n",d);
    }
```

1.2.3　填空题

【1.41】在 C 语言中，如果下面的变量都是 int 类型，则输出的结果是（　　）。

```
    sum = pad = 5,pAd = sum++,pAd++,++pAd;
    printf("%d\n",pad);
```

【1.42】设 a 和 n 已定义为整型变量，a = 12，求下面表达式运算后 a 的值。

(1) a += a, a = (　　)　　　　　　　　　　(2) a −= 2, a = (　　)

(3) a* = 2+3, a = (　　)　　　　　　　　　(4) a/ = a+a, a = (　　)

(5) a% = (n% = 2), n 的值等于 5, a = (　　)　(6) a += a −= a* = a, a = (　　)

【1.43】将数学式 $\dfrac{1+\dfrac{1}{b}}{a}\Big/2c$ 写成 C 语言的表达式（　　）。

【1.44】字符串 "ab\034\\\x79" 的长度为（　　）。

【1.45】表达式 3*7%2+7%2*5 的值是（　　）。

【1.46】表达式 8.0*(1/2) 的值是（　　）。

【1.47】表达式 8.0*(1.0/2) 的值是（　　）。

【1.48】定义 "int x = 5,y;"，则执行表达式 y = ++x*−−x 之后，变量 y 的值为（　　）。

【1.49】写出下列表达式的答案。

(1) 11/3 (　　)　　(2) 11.0/3 (　　)　　(3) 5%10 (　　)　　(4) 10%3 (　　)

(5) −10%3 (　　)　(6) 10%−3 (　　)　(7) 10/5*3 (　　)　(8) 10/(5/3) (　　)

1.3　习题参考答案与简析

1.3.1　选择题

题号　【1.1】～【1.12】
答案　B D A B C B C D C C B C
题号　【1.13】～【1.24】
答案　A A B D C D C C A D C D

【1.2】简析：因为%%是格式说明符，输出%，其他原样输出。如果输出函数语句改成 "printf("a = %%%d,b = %%%d\n",a,c);"，那么输出结果为 A。

1.3.2　阅读程序

【1.25】3。简析：因为两个同类型的数据作算术运算，其结果仍为该类型。即整数除以整数，商仍为整数。10/3 的商为 3。

【1.26】18。简析：因为 023 是一个八进制数，表达式−−x 的值为 022，按照%d 带符号的十进制数输出，结果为 18。注意：023 是八进制数；23 是十进制数；0x23 是十六进制数。

【1.27】20

【1.28】0

【1.29】5。简析：表达式 a++的值是 5，表达式计算后，变量 a 的值是 6。

【1.30】|8567 |。简析：两个 "|" 原样输出，格式符%–06d 说明输出变量 k 的值长度为 6 且左对齐。

【1.31】213.83

【1.32】2.14e+002

【1.33】61,141,k = %d

【1.34】65,89

【1.35】6e,16。简析：110 的十六进制数为 6e，八进制数 017 加 1 为 020，等于十进制数 16。

【1.36】1,1,3

【1.37】a = 98,b = 765.000000,c = 4321.000000

【1.38】1,6,3,2,3,。简析：变量 i 在复合语句 { int i = 0; i += j*2; printf("%d,%d,",i,j); } 中定义，其有效范围仅是该复合语句。而在 main 函数中定义的变量 i 的有效范围是除了上面的复合语句以外的 main 函数的其他部分。

【1.39】16

【1.40】0

1.3.3　填空题

【1.41】5。简析：因为 C 语言是字母大小写敏感的，也就是说区分大小写字母。pad 和 pAd 是两个不同的变量。

【1.42】(1) 24；(2) 10；(3) 60；(4) 0；(5) 0；(6) 0

【1.43】(1+1/a*b)/(2*c)

【1.44】5。简析：转义字符等价于一个字符常量，因此在计算字符串长度时 "\034" 为一个字符，"\\" 为一个字符，"\x79" 为一个字符。

【1.45】6

【1.46】0.0。简析：先计算 1/2 的值，1 和 2 是整型，结果为整型 0，再计算 8.0*0，结果为实型 0.0。

【1.47】4.0。简析：先计算 1.0/2 的值，1.0 是实型，2 是整型，因此结果应为实型 0.5，再计算 8.0*0.5，结果为实型 4.0。

【1.48】25

【1.49】(1) 3；(2) 3.666667；(3) 5；(4) 1；(5) –1；(6) 1；(7) 6；(8) 10

第2章 控 制 结 构

2.1 语法知识要点

1. 关系运算符、关系表达式

C 语言有 6 种关系运算符：<(小于)，<=(小于等于)，>(大于)，>= (大于等于)，== (等于)，! = (不等于)。关于优先次序：前 4 种具有相同优先级，后 2 种具有相同优先级。前 4 种优先级高于后 2 种。

2. 逻辑运算符、逻辑表达式

C 语言有 3 种逻辑运算符：&&，逻辑与(相当于"并且")；||，逻辑或(相当于"或者")；!，逻辑非(相当于取反)。

3. f 语句

if 语句格式：

if(关系表达式)　　　　　　　语句

执行过程：首先判断关系表达式结果是 true 还是 false，如果是 true 就执行语句，如果是 false 就不执行语句。

if(关系表达式)　　　　　　　语句 1
else　　　　　　　　　　　　语句 2

执行过程：首先判断关系表达式结果是 true 还是 false，如果是 true 就执行语句 1，如果是 false 就执行 else 后面的语句 2。

if(关系表达式 1)　　　　　　语句 1
else if(关系表达式 2)　　　语句 2
else if(关系表达式 3)　　　语句 3
…
else if(关系表达式 n)　　　语句 n
else　　　　　　　　　　　　语句 n+1

执行过程：首先判断关系表达式 1 看其结果是 true 还是 false，如果是 true 就执行语句 1，如果是 false 就继续判断关系表达式 2……如果没有任何关系表达式为 true，就执行语句 n+1。

4. switch 语句

switch 语句格式：

```
switch(表达式){
    case 常量表达式 1:        语句 1
    case 常量表达式 2:        语句 2
    ...
    case 常量表达式 n:        语句 n
    default:               语句 n+1
}
```

执行过程：首先计算表达式；计算常量表达式；当常量表达式的值对应表达式的值时，执行 case 后面的语句，然后跳出 switch 语句；如果都不符合则执行 default 后面的语句，然后跳出 switch 语句。

5. for 循环结构

for 语句格式：

```
for(表达式 1;表达式 2;表达式 3)
    循环体
```

执行过程：(1)计算表达式 1；(2)计算表达式 2；(3)如果表达式 2 的值为真，则执行循环体，计算表达式 3，然后转到(2)；如果表达式 2 的值为假，则循环结束。

表达式 1 的主要作用是对循环条件的初始化，在循环开始时仅执行一次。

表达式 2 是判断是否继续循环的条件。

每次执行完循环体，都要计算表达式 3，然后计算表达式 2 判断是否继续循环。

6. while 循环结构

while 语句格式：

```
while(表达式)
    循环体
```

执行过程：(1)计算表达式；(2)如果表达式的值为真，则执行循环体，然后转到(1)；如果表达式的值为假，则循环结束。即当表达式为真时执行循环体。

7. do while 循环结构

do while 语句格式：

```
do{
    循环体
}while(表达式);
```

执行过程：(1)执行循环体；(2)计算表达式；(3)如果表达式的值为真，则转到(1)；如果表达式的值为假，则循环结束。即先执行循环体，当表达式值为真时继续执行循环体。

8. break、continue 语句

break 语句的作用是结束本层循环或 switch 语句。continue 语句的作用是结束本次循环。当循环是多层嵌套时，break 语句和 continue 语句仅作用于本层循环。

2.2 习题

2.2.1 选择题

【2.1】语句"while (!a);"中的条件"!a"等价于(　　)。

    A. a == 0   B. a! = 0   C. a! = 1   D. ~a

【2.2】while(!x)中的!x 与下面条件(　　)等价。

    A. x == 0   B. x == 1   C. x! = 5   D. x! = 0

【2.3】若有条件表达式"(exp)?a++:b--;",则以下表达式中能完全等价于表达式(exp)的是(　　)。

    A.(exp! = 1)   B.(exp = 1)   C.(exp! = 0)   D.(exp = 0)

【2.4】下面有关 for 循环的正确描述是(　　)。

    A. for 循环只能用于循环次数已经确定的情况

    B. for 循环是先判定表达式 1，后执行循环体语句

    C. 在 for 循环中，不能用 break 语句跳出循环体

    D. for 循环体中，可以包含多条语句，但要用花括号括起来

【2.5】C 语言中循环语句 while 和 do…while 的主要区别是(　　)。

    A. do…while 的循环体至少无条件执行一次

    B. while 的循环控制条件和 do…while 的循环控制条件的控制方式是相反的

    C. do…while 允许从外部转到循环体内，而 while 不允许

    D. while 的循环体不能是复合语句

【2.6】有以下程序

```c
#include <stdio.h>
int main() {
    int a = 15,b = 21,m = 0;
    switch(a%3){
        case 0: m++; break;
        case 1: m++;
        switch(b%2){
            default:m++;
            case 0:m++;break;
        }
    }
    printf("%d\n",m);
}
```

程序运行后的输出结果是(　　)

    A. 4   B. 3   C. 2   D. 1

【2.7】C 语言中(　　)。

    A. 不能使用 do-while 语句构成的循环

    B. do-while 循环，必须用 break 语句才能退出循环

C. do while 循环，当 while 语句中的表达式值为非 0 时结束循环

D. do-while 循环，当 while 语句中的表达式值为 0 时结束循环

【2.8】下列表达式不是无限循环的语句为（　　　）。

A. for(i = 10; ;i− −) sum += i;　　　　　B. while(1){x+ +;}

C. for(; ;x+ += i);　　　　　　　　　　D. for(y = 0,x = 1;x>+ +y;x = i+ +)i = x;

【2.9】循环语句中的 for 语句，其一般形式如下：

```
for(表达式 1;表达式 2;表达式 3)
    语句
```

其中表示循环条件的是（　　　）。

A. 表达式 1　　　B. 表达式 2　　　　　　C. 表达式 3　　　　　　　D. 语句

【2.10】若 i 为整型变量，

```
i = 0;
while (i == 0)i++;
```

则以上循环（　　　）

A. 一次也不执行　　　　　　　　　　B. 执行 1 次

C. 执行 10 次　　　　　　　　　　　　D. 无限循环

【2.11】下面循环的执行次数是（　　　）。

```
int main(){
    int i,j;
    for(i = 0,j = 1; i <= j+1; i += 2, j--)
        printf("%d \n",i);
}
```

A. 3　　　　　　　　B. 2　　　　　　　C. 1　　　　　　　　D. 0

【2.12】下面程序的输出结果是（　　　）。

```
#include <stdio.h>
int main(){
    int i;
    for (i = 4;i <= 10;i++){
        if (i%3 == 0) continue;
        printf("%d",i);
    }
}
```

A. 33　　　　　　　B. 457810　　　　C. 61　　　　　　D. 598751

【2.13】对下面 3 条语句，正确的论断是（　　　）。

```
(1)if(x == 0)s2;else i1;
(2)if(x)s1;else i2;
(3)if(x! = 0)s1;else i2;
```

A. 三者相互等价　　　　　　　　　　B. 只有(1)和(3)等价

C. 三者相互不等价　　　　　　　　　D. 以上 3 种说法都不正确

【2.14】下面程序的输出结果是(　　　)。

```c
#include <stdio.h>
int main(){
    int a = 0,i;
    for(i = 1;i<5;i++){
        switch(i){
            case 0:
            case 3:a += 2;
            case 1:
            case 2:a += 3;
            default:a += 5;
        }
    }
    printf("%d\n",a);
}
```

A. 10　　　　　　　　B. 20　　　　　　　　C. 21　　　　　　　　D. 31

【2.15】为避免嵌套的条件语句 if-else 的二义性，C 语言规定：else 与(　　　)配对。

A. 缩排位置相同的 if　　　　　　　　　　B. 其之前最近的 if

C. 其之后最近的 if　　　　　　　　　　　D. 同一行上的 if

2.2.2　阅读程序

【2.16】下面程序的运行结果是(　　　)。

```c
#include <stdio.h>
int main(){
    int a = 1,b = 2,c = 3,d = 4,m = 2,n = 2;
    (m = a>b)&&(n = c>d);
    printf("%d",n);
}
```

【2.17】下面程序的输出结果是(　　　)。

```c
#include <stdio.h>
int main(){
    int s = 0,k;
    for (k = 7;k >= 0;k--){
        switch(k){
            case 1:
            case 4:
            case 7: s++; break;
            case 2:
            case 3:
            case 6: break;
            case 0:
            case 5: s += 2; break;
        }
    }
```

```
    }
    printf("%d\n",s);
}
```

【2.18】下面程序的运行结果是(　　)。

```
#include <stdio.h>
int main(){
    int m = 5;
    if(m++>5) printf("%d\n",m);
    else printf("%d\n",m--);
}
```

【2.19】下面程序的输出结果是(　　)。

```
#include <stdio.h>
int main(){
    int i = 1,s = 3;
    do{
        s += i++;
        if (s%7 == 0)
            continue;
        else
            ++i;
    }while(s<15);
    printf("%d\n",i);
}
```

【2.20】下面程序的运行结果是(　　)。

```
#include <stdio.h>
int main(){
    int x,y,z;
    x = 1;y = 2;z = 3;
    x = y-- <= x||x+y! = z;
    printf("%d,%d",x,y);
}
```

【2.21】下面程序的输出结果是(　　)。

```
#include <stdio.h>
int main(){
    int i,j;
    for (i = 4;i >= 1;i--)  {
        printf("*");
        for (j = 1;j <= 4-i;j++)
            printf("*");
        printf("\n");
    }
}
```

【2.22】下面程序的输出结果是(　　　)。

```c
#include <stdio.h>
int main(){
    int a = -1,b = 4,k;
    k = (a++ <= 0)&&(!(b-- <= 0));
    printf("%d %d %d\n",k,a,b);
}
```

【2.23】以下函数的功能是：求 x 的 y 次方。请填空。

```c
#include <stdio.h>
int main(){
    int i,x,y;
    double z;
    scanf("%d %d",&x,&y);
    for(i = 1,z = x;i<y;i++)
    z = z*(    );
    printf("x^y = %e\n",(    ));
}
```

【2.24】两次运行下面的程序，如果从键盘上分别输入 6 和 4，则输出的结果是(　　　)。

```c
#include <stdio.h>
int main (){
    int x;
    scanf("%d",&x);
    if(x++>5)
        printf("%d",x);
    else
        printf("%d\n",x--);
}
```

【2.25】写出下面程序的输出结果。

```c
#include <stdio.h>
int main(){
    int i,x,y;
    i = x = y = 0;
    do{
        ++i;
        if(i%2! = 0){x = x+i;i++;}
        y = y+i++;
    }while(i <= 7);
    printf("x = %d,y = %d\n",x,y);
}
```

【2.26】下面程序段输出结果为(　　)。

```
int x = 3;
do{printf("%d\n",x -= 2); }
while(!(--x));
```

【2.27】下面程序的运行结果是(　　)。

```
#include<stdio.h>
int main(){
    int a,b;
    for(a = 1,b = 1;a <= 100;a++){
        if(b >= 20) break;
        if(b%3 == 1){ b += 3; continue; }
        b -= 5;
    }
    printf("%d\n",a);
}
```

【2.28】下面程序的输出结果是(　　)。

```
int main(){
    int s,i;
    for(s = 0,i = 1;i<3;i++,s += i);
        printf("%d\n",s);
}
```

【2.29】阅读下面程序,程序的结果是(　　)。

```
int main(){
    int i = 7;
    for(i = 2;i>0;i--)
        printf("%d,",i);
    printf("%d",i);
}
```

【2.30】阅读下面程序,程序的结果是(　　)。

```
int main(){
    int i,j,m = 0;
    for(i = 2;i <= 10;i += 4)
        for(j = 3;j <= 4;j++)
            {m++;i++;}
    printf("%d, %d",i,m);
}
```

2.2.3　填空题

【2.31】下面的程序是求 1!+3!+5!+…+n!。请填空。

```
#include <stdio.h>
int main(void){
```

```
long int f,s;
int i,j,n;
s = 0
scanf("%d",&n);
for(i = 1;I <= n;          ) {
    f = 1;
    for(j = 1;j <= i;j++)
        f = f * j;
    s = s+f;
}
printf("n = %d,s = %ld\n",n,s);
return 0;
}
```

【2.32】下面程序的功能是以每行 5 个数来输出 300 以内能被 7 或 17 整除的偶数，并求出其和。请填空。

```
#include <stdio.h>
#include <conio.h>
int main(void){
    int i,n,sum;
    sum = 0;
    n = 0;
    for(i = 1;i <= 300;i++)
        if(i%7 == 0 || i%17 == 0)
            if(i%2 == 0) {
                sum = sum+i;
                n++;
                printf("%6d",i);
                if(    )
                    printf("\n");
            }
    printf("\ntotal = %d",sum);
    return 0;
}
```

【2.33】下面的程序是输出 100 到 1000 之间的各位的数字之和能被 15 整除的所有数(例如 159 这个数的各位数字之和能被 15 整除)，输出时每 10 个一行。请填空。

```
#include <stdio.h>
int main(void){
    int m,n,k,i = 0;
    for(m = 100;m <= 1000;m++) {
        k = 0;
        n = m;
        do {
            k = k+n%10;
            n = n/(    );
```

```
    }
    while(n>0);
    if (k%15 == 0) {
        printf("%5d",m);i++;
        if(i%10 == 0)
            printf("\n");
    }
}
return 0;
}
```

【2.34】下面程序的功能是求两个非负整数的最大公约数和最小公倍数。请填空。

```
#include <stdio.h>
int main(void){
    int m,n,r,p,gcd,lcm;
    scanf("%d%d",&m,&n);
    if(m<n) {p = m,m = n;n = p;}
    p = m*n;
    r = m%n;
    while(r ! = 0) {
        m = n;n = r;r = m%n;
    }
    gcd = (    );
    lcm = p/gcd;
    printf("gcd = %d,lcm = %d\n", gcd,lcm);
    return 0;
}
```

【2.35】下面程序的功能是对任一整数 N(N≠0)，都可以将其分解成 1(或−1)和一些质数(素数)因子的形式。请填空。

例如：当 N = 150 时，可分解成 1×2×3×5×5；当 N = −150 时，可分解为−1×2×3×5×5。当 N = 150，输出以下分解结果：N = 1*2*3*5*5。

```
#include <stdio.h>
int main(void){
    int n,i,j,r;
    scanf("%d",&n);
    if (n == 0) {
        printf ("data error \n");
        exit(0);
    }
    else if (n>0)
        printf("n = 1");
    else{
        printf("n = -1");
        n = -n;
    }
```

```
    for(i = 2;i <= n;i++) {
        (                );
        while(r == 0){
            printf("*%d",i);
            n = n/i;
            r = n%i;
        }
    }
    printf("\n");
}
```

【2.36】下面程序的功能是计算并输出 500 以内最大的 10 个能被 13 或 17 整除的自然数之和。请填空。

```
#include <conio.h>
#include <stdio.h>
int main(void){
    int m = 0, mc = 0, j, n, k = 500;
    while (k >= 2 &&          ) {
        if (k%13 == 0 || k%17 == 0) {
            m = m+k;
            mc++;
        }
        k--;
    }
    printf("%d\n", m);
    return 0;
}
```

【2.37】两个乒乓球队进行比赛，各出 3 人。甲队为 a、b、c 三人，乙队为 x、y、z 三人。已抽签决定比赛名单。有人向队员打听比赛的名单。a 说他不和 x 比，c 说他不和 x、z 比。下面的程序能够找出 3 对队员的名单。请填空。

```
#include <stdio.h>
int main(void){
    char i,j,k;          //i 是 a 的对手，j 是 b 的对手，k 是 c 的对手
    for(i = 'x'; i <= 'z'; i++)
        for(j = 'x'; j <= 'z'; j++) {
            if(i! = j)
                for(k = 'x'; k <= 'z'; k++) {
                    if(i! = k && j! = k) {
                        if(i! = 'x' &&          )
                            printf("order is a--%c\tb--%c\tc--%c\n",i,j,k);
                    }
                }
        }
    return 0;
}
```

【2.38】打印出如下图案(菱形)。请填空。

```
       *
      ***
     *****
    *******
     *****
      ***
       *
```

```c
#include <stdio.h>
int main(void){
    int i,j,k;
    for(i = 0;i <= 3;i++) {
        for(j = 0;j <= 4-i;j++)
            printf(" ");
        for(k = 1;k <= (   );k++)
            printf("*");
        printf("\n");
    }
    for(j = 0;j<3;j++) {
        for(k = 0;k<j+3;k++)
            printf(" ");
        for(k = 0;k<5-2*j;k++)
            printf("*");
        printf("\n");
    }
    return 0;
}
```

【2.39】下面程序是用选择法对 10 个整数按升序排序。请填空。

```c
#include <stdio.h>
#define N 10
int main(void){
    int i,j,k,t,a[N];
    for(i = 0;i <= N-1;i++)
        scanf("%d",&a[i]);
    for(i = 0;i<N-1;i++) {
        (      );
        for(j = i+1;j<N;j++)
            if(a[j]<a[k])
                k = j;
        if(k ! = i) {
            t = a[i];
            a[i] = a[k];
            a[k] = t;
        }
    }
```

```
        printf("output the sorted array:\n");
        for(i = 0;i <= N-1;i++)
        printf("%5d",a[i]);
        printf("\n");
        return 0;
}
```

【2.40】下面程序的功能是产生并输出如下形式的方阵。请填空。

```
1 2 2 2 2 2 1
3 1 2 2 2 1 4
3 3 1 2 1 4 4
3 3 3 1 4 4 4
3 3 1 5 1 4 4
3 1 5 5 5 1 4
1 5 5 5 5 5 1
#include <stdio.h>
int main(void){
    int a[7][7];
    int i,j;
    for (i = 0;i<7;i++)
        for (j = 0;j<7;j++) {
            if (i == j || i + j == 6)
                a[i][j] = 1;
            else if (i<j&&i+j<6)
                a[i][j] = 2;
            else if (i>j&&i+j<6)
                a[i][j] = 3;
            else if (      )
                a[i][j] = 4;
            else
                a[i][j] = 5;
        }
    for (i = 0;i<7;i++) {
        for (j = 0;j<7;j++)
            printf("%4d",a[i][j]);
        printf("\n");
    }
    return 0;
}
```

2.3 习题参考答案与简析

2.3.1 选择题

题号 【2.1】～【2.15】

答案 A A C B A D D D B A C B A D B

【2.3】C。简析：因为表达式(exp)的意义是：当变量 exp 的值为 0 时表示假；当变量 exp 的值为非 0 时表示真。因此它与(exp! = 0)等价。

【2.9】B。简析：第 1 次循环执行"y = x--;"后 x 和 y 的值分别为 2 和 3，因此输出 1 个#。执行 1 <= x <= 2 时由于逻辑运算符 <= 的结合性是从左至右，因此首先计算 1 <= x，结果为真(即 1)，然后计算 1 <= 2，结果仍为真，再次执行循环。可以看出，无论 1 <= x 为真(即 1)或者为假(即 0)，1 <= x <= 2 的值始终为真，因此循环为无限循环。

【2.10】A。简析：因为 i = 0 是赋值表达式，其值为 0 即假，而非条件表达式 i == 0。

2.3.2 阅读程序

【2.16】2。简析：首先计算 m = a>b，因为关系运算符 ">" 优先级高于赋值运算符 "="，a>b 的结果为假(0)，赋值后 m 的值为 0。因为 C 语言计算逻辑表达式 0&&(n = c>d)时，已经知道结果为 0，因此 n = c>d 就不计算了。n 的值仍为 2。

【2.17】7。

【2.18】6。简析：因为表达式 m++>5 的值为假，m 的值为 6，执行语句"printf("%d\n",m--);"时输出 6，m 的值又变为 5。

【2.19】8。

【2.20】1,1。简析：因为关系运算符优先级高于逻辑运算符，因此首先计算 y-- <= x，结果表达式的值为假(0)，y 的值为 1；再计算 x+y! = z，结果为真(1)，x 的值为真(1)。

【2.21】输出结果：

```
*
**
***
****
```

【2.22】1 0 3。简析：关系表达式 a++ <= 0 的值为真(即 1)，因为首先判断-1 <= 0，然后执行 a++，变量 a 的值为 0；关系表达式!(b-- <= 0)的值为真(即 1)，因为首先判断 4 <= 0，然后执行 b--，变量 b 的值为 3，最后执行逻辑非运算"!"；逻辑表达式(a++ <= 0)&&(!(b-- <= 0))的值为真(即 1)，执行赋值运算后，变量 k 的值为 1。

【2.23】x z

【2.24】7 5

【2.25】输出结果：

```
1    2
3    5
8    13
21   34
55   89
```

【2.26】 1
      -2

【2.27】8

【2.28】5

【2.29】2，1，0

【2.30】14，4

2.3.3　填空题

【2.31】i += 2

【2.32】n%5 = = 0

【2.33】10

【2.34】n

【2.35】r = n%i

【2.36】mc<10

【2.37】k! − 'z'

【2.38】2*i+1

【2.39】k = i

【2.40】i<j && i + j>6

第3章　函　　数

3.1　语法知识要点

1. 函数的定义与调用

一个 C 程序由若干个源文件构成，每个源文件由若干函数构成。每个 C 程序都是由若干个函数组成的，其中包含一个"主函数"main()和其他函数。其他函数包括用户编写的函数和 C 语言本身提供的标准库函数。程序的运行总是从 main()函数开始执行的。函数是 C 程序的基本单位。

每个用户自定义函数都是由函数说明和函数体两部分组成的。函数说明部分包括函数名、函数的形式参数、函数返回值的类型等。函数体是由大括号"{ }"括起的部分，由变量定义和执行部分组成。函数的执行部分是由一系列 C 语句组成的，这些 C 语句是按照 3 种控制结构(顺序结构、选择结构和循环结构)组织起来的，这些结构之间可以相互嵌套。

1)函数定义

```
类型标识符 函数名(形式参数){
    说明部分
    执行部分
}
```

2)函数参数和函数返回值

(1)形式参数和实际参数。

```
#include <stdio.h>
int main(void) {
    int max(int x,int y);
    int a,b,c;
    scanf("%d,%d",&a,&b);
    c = max(a,b);
    printf("%d",c);
}
int max(int x,int y) {return x>y?x:y; }
```

其中，出现在函数 max(int x,int y)定义中的 x 和 y 被称为形式参数，出现在主函数中的函数调用 max(a,b)中的 a 和 b 被称为实际参数。

(2)参数的数据传递方式。

在 C 函数中，形式参数(形参)只能是变量，实际参数(实参)可以是常量、变量和表达式。实参与形参个数相等、类型一致，并且按顺序一一对应。在一个函数调用没被调用之前，形参变量没有被分配存储单元。在函数调用时，系统会为形参变量分配存储单元，将实参的值传递给形参，形参和实参分别占有不同的存储单元，被调函数对形参的操作与实参无关，形参值的更新不影响实参，即 C 函数调用的参数传递是"单向值传递"。

（3）函数返回值。

函数类型是指函数返回值的类型，它是在函数定义时被指定的。一个函数可以有返回值，也可以没有返回值，一般没有返回值的函数的类型被定义为 void 类型，即空类型函数。函数返回值是通过 return 语句完成的，return 语句的格式如下：

```
return 表达式；
```

其中，表达式可以省略。void 型函数没有返回值，在其函数体内可以有 return 语句，也可以没有；若有 return 语句，则 return 语句中的表达式必须省略。对于有返回值函数来说，return 语句中的表达式不能省略。

3）函数的调用

```
函数名(实际参数)；
printstar();
c = max(a,b);
d = max(max(a,b),c);
printf("%d",max(a,b));
```

4）函数的嵌套调用

C 语言不能嵌套定义函数，但可以嵌套调用函数，即在一个被调用函数中又调用了其他函数。

5）递归调用

采用递归方法求解问题时，需要考虑下面两个关键要素：构造递归公式和确定递归结束条件。例如：求 n 的阶乘的递归公式为 $n! = n*(n-1)$ （$n>1$ 时），递归结束条件为 $n = 0$ 或 $n = 1$，即 $n! = 1$ （$n = 0,1$ 时）。这样求 $n!$ 的递归函数定义如下：

```
float fac (int n) {
    float f;
    if(n == 0||n == 1)        f = 1;
    else          f = fac (n-1)*n;
    return f ;
}
```

或者

```
float fac (int n) {
    float f;
    if(n == 0||n == 1)        return 1;
    else          return fac (n-1)*n;
}
```

2. 变量的作用域

从变量的作用域（即从空间）角度来分，变量可分为局部变量和全局变量。

（1）局部变量。在一个函数内部定义的变量，它只在本函数内有效。

(2) 全局变量。在函数外定义的变量称为外部变量。其作用域为从定义变量位置开始到本源文件结束。

3. 变量存储类别

从变量存在的时间(即生存期)角度来分,其可分为静态存储变量和动态存储变量。

每一个变量和函数都有两个属性:数据类型和存储类别。

存储类别分为两大类:静态存储类和动态存储类。具体包含 4 种:自动的(auto)、静态的(static)、寄存器的(register)和外部的(extern)。

1)局部变量的存储方式

局部变量的存储类别可以被定义为 auto、static 或 register。缺省情况下,默认为 atuo。

自动变量属于动态存储类别,只有在该函数被调用时才给这些变量分配内存存储单元,当函数执行结束时,这些变量所占的内存存储单元被释放。自动变量在使用前,必须初始化或赋初值,在每次进入该变量的作用域时,该变量都会被重新赋初值。自动变量如果没有被初始化或赋初值,其值是不确定的。

在定义局部变量时,如果变量的数据类型符之前加了关键字 static,则该局部变量被称为静态局部变量,属于静态存储类别(静态变量)。静态变量是在编译时被初始化的,并且仅被初始化一次。在每次调用函数时,不再重新赋初值,其值是上一次函数调用结束时的值。如果静态局部变量定义时没有被初始化,则在编译时自动把它们初始化为 0(数值型变量)或空字符(字符变量)。只有局部变量才可以被定义为寄存器变量,它的初始化及使用(作用域)与自动变量相同。

函数的形参变量是自动变量。

2)全局变量的存储方式

不管全局变量的类型符之前是否有存储类别关键字 extern 或 static,全局变量都是静态变量。全局变量的存储类别 extern 或 static 是用来扩展或限制其作用域的。

如果一个函数要引用在函数之后定义的全局变量或其他源文件中定义的全局变量,则在函数内或函数之前要用关键字 extern 对该变量作外部变量说明。

如果一个全局变量只被允许在本源文件中使用而不允许在其他文件中引用,则需要使用关键字 static 将其定义为静态外部变量。

3.2　习题

3.2.1　选择题

【3.1】以下函数调用语句中含有(　　　)个实参。

```
func((exp1,exp2),(exp3,exp4,exp5));
```

　A. 1　　　　　　　　B. 2　　　　　　　　C. 4　　　　　　　　D. 5

【3.2】在 C 语言程序中,以下正确的描述是(　　　)。

　A. 函数的定义可以嵌套,但函数的调用不可以嵌套

  B. 函数的定义不可以嵌套，但函数的调用可以嵌套

  C. 函数的定义和函数的调用均不可以嵌套

  D. 函数的定义和函数的调用均可以嵌套

【3.3】C 语言程序由函数组成，它的（　　　）。

  A. 主函数必须在其他函数之前，函数内可以嵌套定义函数

  B. 主函数可以在其他函数之后，函数内不可以嵌套定义函数

  C. 主函数必须在其他函数之前，函数内不可以嵌套定义函数

  D. 主函数必须在其他函数之后，函数内可以嵌套定义函数

【3.4】阅读程序，程序的运行结果是（　　　）。

```c
#include <stdio.h>
int test(int n);
int main(void){
    int x;
    x = test(5);
    printf("%d\n",x);
    return 0;
}
int test(int n){
    if(n>0)
        return (n*test(n-2));
    else
        return (1);
}
```

  A. 15　　　　　　　　B. 120　　　　　　　C. 1　　　　　　　　D. 前面的答案均不正确

【3.5】C 语言规定，程序中各函数之间（　　　）。

  A. 既允许直接递归调用也允许间接递归调用

  B. 不允许直接递归调用也不允许间接递归调用

  C. 允许直接递归调用不允许间接递归调用

  D. 不允许直接递归调用允许间接递归调用

【3.6】下面程序的输出是（　　　）。

```c
#include <stdio.h>
int main(){
    int fun(int);
    int t = 1;
    fun(fun(t));
}
int fun(int h){
    int a[3] = {1,2,3};
    int k;
    for (k = 0;k<3;k++) a[k] += a[k]-h;
    for (k = 0;k<3;k++) printf("%d,",a[k]);
    printf("\n");return(a[h]);
}
```

A. 1,3,5,   B. 1,3,5,   C. 1,3,5,   D. 1,3,5,
  1,5,9,   1,3,5,   0,4,8,   -1,1,3,

【3.7】有以下程序：

```
#include <stdio.h>
float fun(int x, int y){ return(x+y); }
int main(){
    int a = 2,b = 5,c = 8;
    printf("%3.0f\n",fun((int)fun(a+c,b),a-c));
}
```

程序运行后的输出结果是（   ）。
  A. 编译出错   B. 9   C. 21   D. 9.0

【3.8】有以下程序：

```
#include <stdio.h>
int fun3(int x){
    static int a = 3;
    a += x;
    return a;
}
int main(void){
    int k = 2,m = 1,n;
    n = fun3(k);
    n = fun3(m);
    printf("%d",n);
    return 0;
}
```

程序运行后的输出结果是（   ）。
  A. 3   B. 4   C. 6   D. 9

【3.9】以下程序的输出结果是（   ）。

```
#include <stdio.h>
int a = 3;
int main(void){
    int s = 0;
    {
        int a = 5;
        s += a++;
    }
    s += a++;
    printf("%d,%d\n",a,s);
}
```

  A. 4,8   B. 5,7   C. 7,10   D. 4,6

【3.10】以下程序的输出结果是（   ）。

```c
#include <stdio.h>
int f(int n){
    if (n == 1)  return 1;
    else return f(n-1)+1;
}
int main(){
    int i,j = 0;
    for(i = 1;i<3;i++)
        j += f(i);
    printf("%d\n",j);
}
```

A. 4   B. 3   C. 2   D. 1

【3.11】以下程序的输出结果是(　　　)。

```c
#include <stdio.h>
void f(){
    int x = 1;
    static int y = 2;
    x++;
    y++;
    printf("%d,%d\n",x,y);
}
int main(){
    f();
    f();
}
```

A. 2,3   B. 2,3   C. 2 3   D. 2,3,,2,4
  2,4   2,3   2 4

【3.12】以下程序输出结果是(　　　)。

```c
#include <stdio.h>
int fa(int x){
    x = x*x;
    return x;
}
int fb(int x){
    x = x*x*x;
    return x;
}
int main(void){
    int i = 2,res;
    res = fa(i++);
    res = res-fb(--i);
    printf("%d\n",res);
}
```

A. −4   B. 1   C. 18   D. 3

【3.13】以下程序的输出结果是(   )。

```c
#include <stdio.h>
int f(int m){
    static int i = 0;
    int s = 0;
    for(;i <= m;i++)
        s += i;
    return s;
}
int main(){
    int a = 2;
    printf("%d",f(a++)+f(a));
}
```

A. 3   B. 6   C. 9   D. 12

【3.14】以下说法中正确的是(   )。

A. 全局变量只能在其被定义的源文件中引用

B. 全局变量只有被定义为 static 存储类别时才是静态存储变量

C. 在某个源文件中定义的全局变量可以被其他源文件中的函数引用

D. 当全局变量没有被初始化时，其值是不确定的

【3.15】以下说法中不正确的是(   )。

A. 函数的形参变量都是动态存储变量

B. 全局变量都是静态存储变量

C. 局部变量都是动态存储变量

D. 寄存器变量是动态存储变量

【3.16】以下程序的输出结果是(   )。

```c
#include <stdio.h>
char cchar(char ch){
    if(ch >= 'A'&&ch <= 'Z') ch = ch-'A'+'a';
    return ch;
}
int main(void){
    char s[] = "ABC+abc = defDEF";
    int  i = 0;
    while(s[i]){
        s[i] = cchar(s[i]);
        i++;
    }
    printf("%s\n",s);
}
```

A. abc+ABC = DEFdef   B. abc+abc = defdef

C. abcaABCDEFdef   D. abcabcdefdef

【3.17】以下程序的输出结果是(　　　)。

```c
#include <stdio.h>
int f(void){
    static int i = 0;
    int s = 1;
    s += i;
    i++;
    return s;
}
int main(void){
    int i,a = 0;
    for(i = 0;i<5;i++)
        a += f();
    printf("%d\n",a);
}
```

A. 20　　　　　　　　B. 24　　　　　　　　C. 25　　　　　　　　D. 15

3.2.2　阅读程序

【3.18】给出下面程序的输出结果。

```c
#include <stdio.h>
#define MAX_COUNT 4
int main(void){
    void f18(void);
    int count;
    for(count = 1; count  <= MAX_COUNT; count++)
        f18();
}
void f18(void){
    static int i;
    i  += 2;
    printf("%d", i);
}
```

【3.19】给出下面程序的运行结果。

```c
#include<stdio.h>
int main(void){
    void f19(int i,int j);
    int i = 2,x = 5,j = 7;
    f19 (j,6);
    printf("i = %d,j = %d,x = %d\n",i,j,x);
}
void f19(int i,int j){
    int x = 7;
    printf("i = %d,j = %d,x = %d\n",i,j,x);
}
```

【3.20】给出下面程序的运行结果。

```
#include<stdio.h>
int main(void){
    void ming();
    f20();
    f20();
    f20();
}
void f20(void){
    int x = 0;
    x += 1;
    printf("%d",x);
}
```

【3.21】给出下面程序的运行结果。

```
#include <stdio.h>
int x = 5,y = 7;
int f21(int x,int y){
    int z;
    z = x+y;
    return(z);
}
int main(){
    int a = 4,b = 5,c;
    c = f21(a,b);
    printf("X+Y = %d\n",c);
}
```

【3.22】给出下面程序的输出结果。

```
#include <stdio.h>
unsigned f22(unsigned num){
    unsigned k = 1;
    do {
        k* = num%10;
        num/ = 10;
    }while (num);
    return(k);
}
int main(void){
    unsigned n = 26;
    printf("%d\n",f22(n));
}
```

【3.23】给出下面程序的输出结果。

```
#include <stdio.h>
int main(void){
```

```
    int f23(int a,int b);
    int i = 2, p;
    p = f23(i, i+1);
    printf("%d", p);
}
int f23(int a,int b){
    int c;
    c = a;
    if (a > b)
        c = 1;
    else if (a == b)
        c = 0;
    else
        c = -1;
    return (c);
}
```

【3.24】给出下面程序的输出结果。

```
#include <stdio.h>
void f24(void){
    static int a = 0;
    a += 2;
    printf("%d",a);
}
int main(){
    int i;
    for(i = 1;i<4;i++)
        f24();
    printf("\n");
}
```

【3.25】给出下面程序的运行结果。

```
#include <stdio.h>
int f25(int a, int b){
    int c;
    c = a + b;
    return c;
}
int main(void){
    int x = 6, y = 7, z = 8, r;
    r = f25((x--,y++,x+y),z--);
    printf("%d\n",r);
}
```

【3.26】给出下面程序的输出结果。

```
#include <stdio.h>
void f26 (int x,int y){
```

```
    x = x|y;y = x^y;x = x^y;
    printf("%d,%d,",x,y);
}
int main(void){
    int x = 2,y = 3;
    f26 (x,y);
    printf("%d,%d\n",x,y);
}
```

【3.27】给出下面程序的运行结果。

```
#include<stdio.h>
void f27(void){
    extern int x,y;
    int a = 15,b = 10;
    x = a-b;
    y = a+b;
}
int x,y;
int main(){
    int a = 7,b = 5;
    x = a+b;     y = a-b;
    f27();
    printf("%d,%d\n",x,y);
}
```

【3.28】给出下面程序的运行结果。

```
#include<stdio.h>
int main(void){
    int a = 2,i;
    int f(int a);
    for(i = 0;i<3;i++)
        printf("%3d",f28(a));
}
int f28(int a){
    int b = 0;
    static int c = 3;
    b++;c++;
    return(a+b+c);
}
```

【3.29】给出下面程序的运行结果。

```
#include<stdio.h>
long f29(int g){
    switch(g){
        case 0: return 0;
        case 1:
```

```
        case 2: return 1;
        }
        return(f29(g-1)+f29(g-2));
    }
    int main(void){
        long k;
        k = f29(7);
        printf("k = %d\n",k);
    }
```

【3.30】给出下面程序的输出结果。

```
#include <stdio.h>
long f30(int n){
    long s;
    if ((n == 1)||(n == 2))        s = 2;
    else            s = n+f30(n-1);
    return(s);
}
int main(){
    int x;
    x = f30(4);
    printf("%ld\n",x);
}
```

3.2.3 填空题

【3.31】以下函数的功能是计算 s = 1+1/2!+1/3!+…+1/n!。请填空。

```
double fun(int n){
    double s = 0.0,fac = 1.0;
    int i;
    for(i = 1,i <= n;i++){
        fac = fac (    );
        s = s+fac;
    }
    return s;
}
```

【3.32】下面函数的功能是统计一个整数的位数。请填空。

```
int digitnum(int x) {
    int n = 0;
    while(x){
        (   (1)   );
        X = (   (2)   );
    }
    return n;
}
```

【3.33】下面函数的功能是求 1 到 n 的和。请填空。

```
int sum(int n) {
    int s;
    if(n == 1)
        return (  (1)  );
    else
        return (  (2)  );
}
```

【3.34】下面函数的功能是将输入的字符串按逆序输出。请填空。

```
void reverse(void){
    char ch;
    ch = getchar();
    if (ch! = (    ))
        reverse();
    putchar(ch);
}
```

【3.35】下面函数的功能是统计一个整数中某个数字出现的次数。请填空。

```
int count(int x,int num){
    int count = 0;
    int r;
    while(x){
        r = (  (1)  );
        if(  (2)  )
            count++;
        x = x/10;
    }
    return count;
}
```

3.3 习题参考答案与简析

3.3.1 选择题

题号 【3.1】～【3.17】
答案 B B B A A D B C A B A A B B C B D

3.3.2 阅读程序

【3.18】 2468
【3.19】 i = 7,j = 6,x = 7
        i = 2,j = 7,x = 5
简析：在执行函数 f19( ) 时，f19( ) 函数中的局部变量 i、j、x 的值分别为 7、6、7。在执行函数 main 时，main 函数中的局部变量 i、j、x 的值分别为 2、7、5。

【3.20】111。简析：局部变量定义"int x = 0;"相当于"int x; x = 0;"。

【3.21】X+Y = 9

【3.22】12。简析：将变量 num 值的各位相乘。

【3.23】−1

【3.24】246

【3.25】21。简析：逗号表达式(x− −,y+ +,x+y)的值是 13，算术表达式 z− −的值为 8，函数 f25()的值为 13+8。

【3.26】3,2,2,3

【3.27】5,25。简析：x 和 y 是全局变量，它的有效范围是从定义点开始到本文件尾，但是在定义点前的函数 f27()中对它们进行了说明，即"extern int x,y;"，因此变量 x 和 y 在函数 f27()中也有效。而函数 main()中的局部变量 a 和 b 与函数 f27()中的局部变量互不相干。

【3.28】7　8　9。简析：在函数 f28()中变量 c 为静态存储类型，在编译时就分配了存储单元并且赋初值 3。在整个程序的运行过程中变量 c 始终存在，但只有在运行函数 f28()时变量 c 才有效。而变量 b 只有在开始运行函数 f28()时才分配内存单元，并且语句"int b = 0;"相当于"int b; b = 0;"，当函数 f28()运行结束时，变量 b 的存储单元又被收回，即变量 b 只有在运行函数 b 时才存在。综上所述，调用函数 f28()3 次返回的函数值分别为 2+1+4,2+1+5,2+1+6。

【3.29】k = 13。简析：函数递归调用，实现函数 f29()，当 g = 0 时，f29(g) = 0；当 g = 1 时，f29(g) = 1；当 g = 2 时，f29(g) = 1；当 g >= 3 时，f29(g) = f29(g−1)+f29(g−2)。f29()是计算费波纳契数列函数。

【3.30】9。简析：函数递归调用。

3.3.3　填空题

【3.31】/i 或者/(double)i

【3.32】(1)n+ +;　(2)x/10

【3.33】(1)1;　(2)sum(n−1)+n

【3.34】'\n'

【3.35】(1)x%10;　(2)r == num

第4章 数 组

4.1 语法知识要点

数组是一组有序数据的集合。前面学到了基本数据类型，如整型、字符型、浮点型等。一批同名且具有相同属性的数据就可以用数组来表示。数组属于构造数据类型。

1. 一维数组的定义和使用

(1)定义格式：

> 类型说明符 数组名[常量表达式]；

(2)用数组元素：

> 数组名[下标]

(3)数组的初始化：

> 类型说明符 数组名[常量表达式] = {初始化值}；

当数组在所有函数外定义(全局变量)或局部变量用 static 定义为静态存储类型时，如果不给数组元素初始化，系统也会自动初始化数组元素为 0。当数组被定义为自动局部变量时，如果不对数组元素初始化，数组元素的值为不确定数。

2. 二维数组的定义和使用

(1)数组定义格式：

> 类型说明符 数组名[常量表达式] [常量表达式]

(2)使用数组元素：

> 数组名[下标] [下标]

3. 字符数组

(1)定义。
定义字符数组的方法与定义数值型数组的方法类似。
(2)字符数组的输入输出。
逐个字符输入输出，用格式字符"%c"输入或输出一个字符，或者用格式字符"%s"将整个字符串一次输入或输出。
(3)字符串处理函数。

puts 函数-输出字符串的函数　　　　　　gets 函数-输入字符串的函数
strcat 函数-字符串连接函数　　　　　　strcpy 函数-字符串复制函数

strcmp 函数-字符串比较函数　　　　　strlen 函数-测字符串长度函数
strlwr 函数-转换为小写的函数　　　　　strupr 函数-转换为大写的函数

4. 数组作为函数参数

(1)数组元素作函数实参。
把实参的值传给形参，传递的是数组元素的值。
(2)数组名作函数实参。
传递给形参的值是数组首元素的地址。

4.2　习题

4.2.1　选择题

【4.1】下面对一维数组 a 的正确声明是(　　)。

  A．int a(5);　　　　　　　　　　B．int s = 5,a[s];
  C．int n;　　　　　　　　　　　　D．#define SIZE 5
    scanf("%d",&s);　　　　　　　 int a[SIZE];
    int a[s];

【4.2】判断字符串 c 和 d 是否相等，下面正确的表达是(　　)。

  A．if(c == d)　　　　　　　　　B．if(c = d)
  C．if(strcpy(c,d))　　　　　　　D．if(strcmp(c,d))

【4.3】对两个数组 c 和 d 进行如下初始化：

```
char c[] = "ABCD";
char d[] = {'A','B','C','D'};
```

则以下叙述正确的是(　　)。

  A．c 与 d 数组完全相同　　　　　B．c 与 d 长度相同
  C．c 数组比 d 数组长度长　　　　　D．d 数组比 c 数组长度长

【4.4】下面对二维数组 a 正确初始化的语句是(　　)。

  A．int a[2][] = {{1,1,1},{4,1,5}};　　B．int a[][3] = {{1,2,3},{4,5,6}};
  C．int a[2][4] = {{1,2,3},{4,5},{6}};　D．int a[3][] = {{1,1,1},{},{1,5}};

【4.5】有以下程序：

```
#include <stdio.h>
int main(){
    char a[ ] = {'h','a','p','p', 'y', '\0'}; int x,y;
    x = strlen(a); y = sizeof(a); ;
    printf("%d,%d"x,y);
}
```

程序运行后的输出结果是(　　)。

  A．6,6　　　　　　B．5,6　　　　　　C．1,5　　　　　　D．5,5

【4.6】以下不能正确进行字符串赋初值的语句是( )。

    A. char str[5] = "happy";   B. char str[] = "happy";

    C. char *str = "happy";   D. char str[5] = {'h','a','p','p','y'};

【4.7】以下程序段的输出结果是( )。

```
char s[] = "\\ab142";
printf ("%d\n",strlen(s));
```

    A. 6   B. 7   C. 8   D. 9

【4.8】以下程序的输出结果是( )。

```
#include <stdio.h>
int main(){
    char cf[3][6] = {"AAAAA","BBBB","CCV"};
    printf("\"%s\"\n",cf[1]);
}
```

    A. "AAAAA"   B. "BBBB"   C. "BBBCC"   D. "CCV"

【4.9】有以下程序:

```
#include <stdio.h>
int main(){
    int C[3][4] = {{5,6,7,8},{9,9,10,29},{1,2,3,4}};
    int i,s = 0
    for(i = 0;i<3;i++) s += C[i][1];
        printf("%d",s);
}
```

程序运行后的输出结果是( )。

    A. 17   B. 19   C. 13   D. 20

【4.10】以下程序的输出结果是( )。

```
#include <stdio.h>
int main(){
    int b[3][3] = {0,1,2,0,1,2,0,1,2},i,j,s = 1;
    for(i = 0;i<3;i++)
    for(j = 0;j <= i;j++) s = s+b[i][b[j][j]];
        printf("%d",s);
}
```

    A. 3   B. 4   C. 5   D. 6

4.2.2 阅读程序

【4.11】下面程序的运行结果是( )。

```
#include<stdio.h>
int main(){
    char a[8] = {"12ab56"};
    int i,s = 0;
```

```
        for(i = 0;a[i] >= '0'&&a[i] <= '9';i++)
            s = 10*s+a[i]-'0';
        printf("%d\n",s);
    }
```

【4.12】下面程序段执行后的输出结果是(　　　)。

```
    #include<stdio.h>
    #include<string.h>
    int main(){
        char a[3][4];
        strcpy(a[0],"you");strcpy(a[1],"we");
        a[0][3] = '#'; printf("%s",a);
    }
```

【4.13】下面程序的运行结果是(　　　)。

```
    #include <stdio.h>
    int main(){
        int i;
        char a[] = "rome",b[] = "Tom";
        for(i = 0;a[i]! = '\0'&&b[i]! = '\0';i++){
            if(a[i] == b[i])
                if(a[i] >= 'a'&&a[i] <= 'z')
                    printf("%c",a[i]-32);
                else
                    printf("%c",a[i]+32);
            else
                printf("#");
        }
    }
```

【4.14】下面程序的运行结果是(　　　)。

```
    #include<stdio.h>
    int main(){
        int num[] = {1,2,8,9},k,j,b,u = 0,m = 6,w;
        w = m-1;
        while(u <= w){
            j = num[u];
            k = 2;b = 1;
            while(k <= j/2&&b)
                b = j%++k;
            if(b) printf("%d",num[u++]);
            else {num[u] = num[w]; num[w] = j; w--; }
        }
    }
```

【4.15】下面程序的运行结果是(　　　)。

```
#include<stdio.h>
int main(){
    int a[6] = {1,2,3,4,9,3};
    int x = 0,i,j,c,k;
    for(i = 0;i<6-x;i++){
        c = a[i];
        for(j = i+1;j<6-x;j++)
            if(a[j] == c){
                for(k = j;k<6-x;k++)
                a[k] = a[k+1];
                x++;
            }
    }
    for(i = 0;i<(6-x);i++)
        printf("%d",a[i]);
}
```

【4.16】下面程序的运行结果是( )。

```
#include<stdio.h>
#define L 5
int main(){
    int j,c;
    static char n[3][L] = {"1120","2134","2123"};
    for(j = L-1;j >= 0;j--){
        c = n[0][j]+n[1][j]+n[2][j];
        n[j][0] = c%10+'0';
    }
    for(j = 0;j <= 2;j++)
        printf("%s,",(n[j]));
}
```

【4.17】下面程序的运行结果是( )。

```
#include<stdio.h>
int main(){
    int i = 0;
    char a[] = "abc", b[] = "cded", c[10];
    while(a[i]! = '\0'&&b[i]! = '\0'){
        if(a[i] >= b[i]) c[i] = a[i]-32;
        else c[i] = b[i]-32;
        ++i;
    }
    c[i] = '\0';
    puts(c);
}
```

【4.18】从键盘输入 we<CR>you<CR>，则下面程序的运行结果是( )。

```
#include<stdio.h>
#include<string.h>
```

```
int main(){
    char a[2][100],t;
    int i,j,m,n,len,max;
    for(i = 0;i <= 1;i++)
        gets(a[i]);
    t = a[0][0];
    for(i = 0;i <= 1;i++){
        len = strlen(a[i]);
        for(j = 0;j <= len;j++)
            if(a[i][j]>t){ max = a[i][j]; m = i;n = j;}
    }
    printf("%c,%d,%d\n",max,m,n);
}
```

【4.19】下面程序的输出是（   ）。

```
#include<stdio.h>
int main(){
    int i,x,a[6],p[5];
    for(i = 0;i<16;i++) a[i] = i;
    for(i = 0;i<5;i++) p[i] = a[i]*(i+1);
    for(i = 0;i<5;i++) x += p[i]*2;
    printf("%d",x);
}
```

【4.20】下面程序的输出是（   ）。

```
#include<stdio.h>
int main(){
    int a[] = {1,4,6},*p = &a[0],x = 8,y,z;
    for (y = 0;y<3;y++)
        z = (*(p+y)<x)?*(p+y):x;
    printf("%d",z);
}
```

【4.21】下面程序的输出是（   ）。

```
#include<stdio.h>
int main(){
    int a[10],i,s = 0;
    for(i = 0;i<10;i++)
        a[i] = i;
    for(i = 1;i<5;i++)
        s += a[i]+i;
    printf("%d\n",s);
}
```

【4.22】下面程序的运行结果是（   ）。

```
#include<stdio.h>
int fun(int a[3][3]){
```

```
        int i,j,sum = 0;
        for(i = 0;i<3;i++)
            for(j = 0;j<3;j++){
                a[i][j] = i+2;
                if(i == j)sum = sum+a[i][j];
            }
        return(sum);
    }
    int main(){
        int fun(int a[3][3]);
        int a[3][3] = {1,3,5,7,9,11,13,15,17},sum;
        sum = fun(a);
        printf("sum = %d\n",sum);
    }
```

【4.23】下面程序输出的结果是(　　　)。

```
#include <stdio.h>
int main(){
    char a[][10] = {"ABCD","high","IJKL","1234"},x;
    for (x = 0;x<3;x++)
        printf("%c",&a[x][x]);
}
```

【4.24】下面程序的运行结果是(　　　)。

```
#include <stdio.h>
int main(){
    int n[3],i,j,k;
    for(i = 0;i<3;i++)
        n[i] = 0;
    k = 2;
    for(i = 0;i<k;i++)
        for (j = 0;j<k;j++)
            n[j] = n[i]+1;
    printf("%d\n",n[1]);
}
```

【4.25】下面程序的输出结果是(　　　)。

```
#include <stdio.h>
int main(){
    char s[] = "happy";
    s[4] = '\0';
    printf("%s\n",s);
}
```

4.2.3　填空题

【4.26】下面程序:

```
0   #include "stdio.h"
```

```
1   int main()
2   {
3       int a[3] = {0};
4       int i;
5       for(i = 0;i<3;i++) scanf("%d",a[i]);
6          for(i = 1;i<4;i++) a[0] = a[0]+a[i];
7              printf("%d\n",a[0]);
8   }
```

第( )行有错误。

【4.27】数组 a 包括 10 个整数元素，从 a 中第 2 个元素起，分别将后项减前项之差存入数组 b，并按每行 3 个元素输出数组 b。请填空。

```
#include<stdio.h>
int main(){
    int a[10],b[10],i;
    for(i = 0; (   (1)   ) ;i++)          //填空
        scanf("%d",&a[i]);
    for(i = 1; (   (2)   ) ;i++)          //填空
        b[i] = a[i]-a[i-1];
    for(i = 1;i<10;i++){
        printf("%3d",b[i]);
            if(   (3)   )                  //填空
            printf("\n");
    }
}
```

【4.28】选择法排序。

```
# include <stdio.h>
int main(){
    int a[10],i,j,x,k;
    for(i = 0;i<5;i++)
        scanf("%d",&a[i]);
    for(j = 0; (   (1)   ) ;j++){          //填空
        k = j;
        for(i = j+1;i <= 4;i++)
            if(   (2)   )                  //填空
                k = i;
        x = a[k];
        a[k] = a[j];
        a[j] = x;
    }
    for(i = 0;i<5;i++)
        printf("%5d",a[i]);
    return 0;
}
```

【4.29】递归逆顺序输出一串字符，如 abcdef，输出 fedcba。

```c
#include <stdio.h>
void reverse(int x);
char a[100];
int main(){
    scanf("%s",a);
    (    );                          //填空
    return 0;
}
void reverse(int x){
    if(a[x]! = '\0')
        reverse(x+1);
    else
        return;
    printf("%c",a[x]);
}
```

【4.30】用二分查找法在一个升序的数组中查找某数。

```c
#include<stdio.h>
int find(int a[ ],int n,int k);
int main(){
    int a[5],n = 5,i,k,f;
    for(i = 0;i<n;i++)
        scanf("%d",&a[i]);
    scanf("%d",&k);
    f = find(a,n,k);
    if(        )                     //填空
        printf("a[%d] find",f);
    else
        printf("not find");
}
int find(int  a[ ],int n,int k){
    int i,j,m,r;
    i = 0;j = n-1;m = (i+j)/2;
    while(i <= j&&k! = a[m]){
        if(k<a[m])
            j = m-1;
        else
            i = m+1;
        m = (i+j)/2;
    }
    if(i <= j)
        return m;
    else
        return 0;
}
```

4.3　习题参考答案与简析

4.3.1　选择题

题号　【4.1】～【4.10】

答案　D A C B B A A B A C

4.3.2　阅读程序

【4.11】12　　　　　　　【4.12】you#we　　　　　　【4.13】#OM

【4.14】1200　　　　　　【4.15】12349　　　　　　　【4.16】3120,7134,1123,

【4.17】CDE　　　　　　【4.18】y,1,0　　　　　　　 【4.19】86

【4.20】6　　　　　　　 【4.21】20　　　　　　　　 【4.22】sum = 9

【4.23】AIK　　　　　　【4.24】3　　　　　　　　　【4.25】happ

4.3.3　填空题

【4.26】第 5 行，第 6 行，&a[i]，少&

【4.27】(1) i<10；　(2) i<10；　(3) i%3 == 0

【4.28】(1) j <= 3；　(2) a[i]<a[k]

【4.29】(1) reverse (0)

【4.30】(1) f! = 0

第5章 指 针

5.1 语法知识要点

1. 指针基本概念

(1)指针,即地址。

变量的值是地址,这个地址可能是变量、数组、字符串、函数、结构体、共用体、函数的地址。

(2)指针变量的说明定义。

```
int i,j
int *pointer_i, *pointer_j;        /*指针变量的定义*/
pointer_i = &i;
pointer_j = &j;
```

运算符:&取地址;*取值。

注意:运算符&、*、++、--、-、!、~、sizeof(类型)。

优先级相同,右结合性。

例如:理解*pointer_i、&i、&*pointer_i、*&a 的含义。

2. 数组的指针和指向数组的指针变量

(1)数组名代表数组首地址:

```
int a[10];
int *p;
```

p = a;或者 p = &a[0];

p+i = a+i = a[i]的地址

*(p+i = *(a+i) = a[i]

p++正确;a++不正确

(2)指向多维数组的指针变量:

```
static int a[3][4] = {{1,3,5,7},{9,11,13,15},{17,19,21,23}};
```

a--->a[0]----→   a[0][0]   a[0][1]   a[0][2]   a[0][3]

   a[1]----→   a[1][0]   a[1][1]   a[1][2]   a[1][3]

   a[2]----→   a[2][0]   a[2][1]   a[2][2]   a[2][3]

二维数组 a 可以看成由 3 个元素 a[0]、a[1]、a[2]组成的一维数组,而数组中的元素仍然是一维数组。

```
&a[i][j]  =  a[i]+j  =  *(a+i)+j
a[i][j]  =  *(a[i]+j)  =  *(*(a+i)+j)
```
"int　(*p)[4];"中的 p 指向一个包含 4 个整型变量的一维数组。理解 p++的含义。

3. 指向字符串的指针变量

```
char  string[] = "I Love China!";
char  string[];
string = "I Love China!";
```

```
char  *string = "I Love China!";
char  *string;
//错误  string = "I Love China!";
```

C 语言对字符常量的处理。

例：字符串指针作为函数参数。

```
void  copy_string(char *from,char *to)
{char  *p1,*p2;
while((*p2++= *p1++)! = '\0');
}
```

4. 指向函数的指针变量

函数名代表函数入口地址

```
int max(int,int);        //声明
int(*p)() = max;         //赋值
(*p)(a,b);               //调用
```

5.2　习题

5.2.1　选择题

【5.1】以下正确的程序段是（　　）。

 A．char str[20];scanf("%s",&str);   B．char *p;scanf("%s", p);

 C．char str[20];scanf("%s",&str[2]); D．char str[20],*p = str;scanf("%s",p[2]);

【5.2】以下正确的程序段是（　　）。

 A．int *p;scanf("%d",p);

 B．int *s,k;*s = 100;

 C．int *s,k;char *p,c;s = &k;p = &c;*p = 'a';

 D．int *s,k;char *p,c;s = &k;p = &c;s = p;*s = 1;

【5.3】有代码段"int a[10], *p = a;"，则 p+5 表示（　　）。

 A．元素 a[5]的地址   B．元素 a[5]的值

 C．元素 a[6]的地址   D．元素 a[6]的值

【5.4】语句"int (*ptr)();"的含义是( )。

A．ptr 是指向一维数组的指针变量

B．ptr 是指向 int 型数据的指针变量

C．ptr 是指向函数的指针，该函数返回一个 int 型数据

D．ptr 是一个函数名，该函数的返回值是指向 int 型数据的指针

【5.5】若有以下说明："int a[10] = {1,2,3,4,5,6,7,8,9,10},*p = a;"，则数值为 6 的表达式是( )。

A．*p+6　　　　B．*(p+6)　　　　C．*p += 5　　　　D．p+5

【5.6】若有以下说明："int w[3][4] = {{0,1},{2,4},{5,8}};int (*p)[4] = w;"，则数值为 4 的表达式是( )。

A．*w[1]+1　　　B．p++,*(p+1)　　C．w[2][2]　　　　D．p[1][1]

【5.7】若有以下的说明和语句：

```
#include <stdio.h>
int main(){
    int t[3][2],*pt[3],k;
    for (k = 0;k<3;k++)
        pt[k] = t[k];
}
```

则以下选项中能正确表示 t 数组元素地址的表达式是( )。

A．&t[3][2]　　B．*pt[0]　　　　C．*(pt+1)　　　　D．&pt[2]

【5.8】下面程序输出数组中的最大值，由 s 指针指向该元素。

```
#include <stdio.h>
int main(){
    int a[10] = {6,7,2,9,1,10,5,8,4,3},*p,*s;
    for(p = a,s = a;p-a<10;p++)
        if(        ) s = p;
    printf("The max:%d",*s);
}
```

则在 if 语句中的判断表达式应该是( )。

A．p>s　　　　B．*p>*s　　　　C．a[p]>a[s]　　　　D．p-a>p-s

【5.9】若有以下定义和语句："int w[2][3],(*pw)[3];pw = w;"，则对 w 数组元素的非法引用是( )。

A．*(w[0]+2)　　B．*(pw+1)[2]　　C．pw[0][0]　　　　D．*(pw[1]+2)

【5.10】设有如下定义："struct sk{int a; float b; }data , *p;"。

若有"p = &data;"，则对 data 中的 a 域的正确引用是( )。

A．(*p).data.a　　B．(*p).a　　　　C．p->data.a　　　　D．p.data.a

【5.11】若有以下说明和语句，请选出哪个是对 c 数组元素的正确引用( )。

```
int c[4][15], (*cp)[5];
cp = c;
```

　　A．cp＋1　　　　　　B．*(cp＋3)　　　　　C．*(cp+1)+3　　　　D．*(*cp＋2)

【5.12】以下程序段给数组所有元素输入数据，请选择正确答案填空。

```
#include <stdio.h>
int main(){
    int a[10], i = 0;
    while(i < 10)
        scanf("%d",          );
    ...
}
```

　　A．a+(i++)　　　　B．&a[i+1]　　　　　C．a+i　　　　　　D．&a[++i]

【5.13】设有如下的程序段：

```
char str[] = "Hello";char * ptr;ptr = str;
```

执行完上面的程序段后，*(ptr＋5)的值为（　　）。

　　A．'o'　　　　　　B．'\0'　　　　　　C．不确定的值　　　D．'o'的地址

【5.14】请读程序：

```
#include <stdio.h>
#include <string.h>
int main(){
    char *s1 = "AbCdEf",*s2 = "aB";
    s1++;s2++;
    printf("%d\n",strcmp(s1, s2));
}
```

上面程序的输出结果是（　　）。

　　A．正数　　　　　B．负数　　　　　　C．零　　　　　　　D．不确定的值

【5.15】若有下面的程序段：

```
int a[12] = {0}, *p[3], **pp, i;
for ( i = 0; i < 3; i++)
    p[i] = &a[i * 4];
pp = p;
```

则对数组元素的引用存在错误的是（　　）。

　　A．pp[0][1]　　　　B．a[10]　　　　　C．p[3][1]　　　　D．*(*(p+2)+2)

【5.16】以下程序的输出结果是（　　）。

```
#include<stdio.h>
#include<string.h>
int main(){
    char str[12] = {'s','t','r','i','n','g','\0'};
    printf("%d\n",strlen(str));
}
```

　　A．6　　　　　　　B．7　　　　　　　C．11　　　　　　　D．12

【5.17】不能把字符串 Hello!赋给数组 b 的语句是（　　）。

    A．char b[10] = {'H','e','l','l','o','!','\0'};

    B．char b[10]; b = "Hello";

    C．char b[10]; strcpy(b,"Hello!");

    D．char b[10] = "Hello!";

【5.18】若有以下说明：

```
int a[12] = {1,2,3,4,5,6,7,8,9,10,11,12};
char c = 'a',g = 'e';
```

则数值为 4 的表达式是（　　）。

    A．a[g−c]　　 B．a[4]　　 C．a['d'−'c']　　 D．a['d'−c]

【5.19】设有以下语句：

```
char str1[] = "string",str2[8],*str3,*str4 = "string";
```

则（　　）不是对库函数 strcpy 的正确调用，此库函数用来复制字符串。

    A．strcpy(str1,"HELLO1");　　 B．strcpy(str2,"HELLO2");

    C．strcpy(str3,"HELLO3");　　 D．strcpy(str4,"HELLO4");

【5.20】下面各语句行中，能正确进行赋字符串的语句行是（　　）。

    A．char st[4][5] = {"ABCDE"};　　 B．char s[5] = {'A','B','C','D','E'};

    C．char *s; s = "ABCDE";　　 D．char *s; scanf("%s", s);

【5.21】sizeof(double) 是（　　）。

    A．一种函数调用　　 B．一个双精度型表达式

    C．一个整型表达式　　 D．一个不合法的表达式

【5.22】若有说明："int n = 2,*p = &n,*q = p;"，则以下非法的赋值语句是（　　）。

    A．p = q;　　 B．*p = *q;　　 C．n = *q;　　 D．p = n;

【5.23】有以下程序：

```
#include <string.h>
int main(){
    char *p = "abcde\0fghjik\0";
    printf("%d\n",strlen(p));
}
```

程序运行后的输出结果是（　　）。

    A．12　　 B．15　　 C．6　　 D．5

【5.24】若有说明语句："int a,b,c,*d = &c;"，则能正确从键盘读入 3 个整数并分别赋给变量 a、b、c 的语句是（　　）。

    A．scanf("%d%d%d",&a,&b,d);　　 B．scanf("%d%d%d",&a,&b,&d);

    C．scanf("%d%d%d",a,b,d);　　 D．scanf("%d%d%d",a,b,*d);

【5.25】若定义："int a = 511,*b = &a;"，则 "printf("%d\n",*b);" 的输出结果为（　　）。

    A．无确定值　　 B．a 的地址　　 C．512　　 D．511

【5.26】若指针 p 已正确定义，要使 p 指向两个连续的整型动态存储单元，不正确的语句是（　　）。

A. $p = 2*(int*) malloc(sizeof(int))$;　　B. $p = (int*) malloc(2*sizeof(int))$;

C. $p = (int*) malloc(2*2)$;　　　　　　D. $p = (int*) calloc(2,sizeof(int))$;

【5.27】若有定义："int aa[8];"，则以下表达式中不能代表数组元 aa[1]的地址的是（　　）。

A. &aa[0]+1　　　B. &aa[1]　　　C. &aa[0]++　　　　D. aa+1

【5.28】若有以下定义和语句："int s[4][5],(*ps)[5];ps = s;"，则对 s 数组元素正确的引用形式是（　　）。

A. ps+1　　　　　B. *(ps+3)　　　C. ps[0][2]　　　D. *(ps+1)+3

【5.29】下面程序的输出结果是（　　）。

```
#include <stdio.h>
#include <string.h>
int main() {
    char b1[8] = "abcdefg",b2[8],*pb = b1+3;
    while (--pb >= b1) strcpy(b2,pb);
    printf("%d\n",strlen(b2));
}
```

A. 8　　　　　　　B.3　　　　　　C. 1　　　　　　　D. 7

5.2.2　阅读程序

【5.30】下面程序的运行结果（　　）。

```
#include<stdio.h>
int main(){
    char **pd;
    static char *d[] = {"up","down","left","right",""};
    pd = d;
    while( **pd! = NULL)
        printf("%s ",*pd++);
}
```

【5.31】下面程序的输出结果是（　　）。

```
#define PR(ar) printf("%d",ar)
#include<stdio.h>
int main(){
    int j,a[] = {1,3,5,7,11,13,15},*p = a+5;
    for (j = 3;j;j--){
        switch(j){
            case 1:
            case 2: PR(*p++); break;
            case 3: PR(*(--p));
        }
    }
}
```

【5.32】下面程序的输出结果是( )。

```c
#include<stdio.h>
int main(){
    char *s = "121";
    int k = 0,a = 0,b = 0;
    do{
        k++;
        if (k%2 == 0){a = a+s[k]-'0';continue;}
        b = b+s[k]-'0';
        a = a+s[k]-'0';
    }while(s[k+1]);
    printf("k = %d a = %d b = %d\n",k,a,b);
}
```

【5.33】下面程序的输出结果是( )。

```c
#include <stdio.h>
int main(){
    int a[3][4] = {1,3,5,7,9,11,13,15,17,19,21,23};
    int (*p)[4] = a,i,j = 0,k = 0;
    for (i = 0;i<3;i++)
        k = k+*(*(p+i)+j);
    printf("%d\n",k);
}
```

【5.34】下面程序的输出结果是( )。

```c
#include <stdio.h>
int main(){
    char ch[2][5] = {"6934","8254"},*p[2];
    int i,j,s = 0;
    for(i = 0;i<2;i++)
        p[i] = ch[i];
    for(i = 0;i<2;i++)
        for(j = 0;p[i][j]>'\0'&&p[i][j] <= '9';j += 2)
            s = 10*s+p[i][j]-'0';
    printf("%d\n",s);
}
```

【5.35】下面程序的运行结果是( )。

```c
#include<stdio.h>
int main(){
    static char a[] = "Language",b[] = "programe";
    char *p1,*p2; int k;
    p1 = a;p2 = b;
    for(k = 0;k <= 7;k++)
        if(*(p1+k) == *(p2+k))
```

```
        printf("%c",*(p1+k));
    }
```

【5.36】下面程序的运行结果是（　　　）。

```
    #include<stdio.h>
    int main(){
        int a = 28,b;
        char s[10],*p;
        p = s;
        do{
            b = a%16;
            if(b<10) *p = b+48;
            else *p = b+55;
            p++;
            a = a/5;
        }while(a>0);
        *p = '\0';
        puts(s);
    }
```

【5.37】下面程序的运行结果是（　　　）。

```
    #include<stdio.h>
    #include<string.h>
    int main(){
        char *p1,*p2,str[50] = "abc";
        p1 = "abc"; p2 = "abc";
        strcpy(str+1,strcat(p1,p2));
        printf("%s\n",str);
    }
```

【5.38】下面程序的输出结果是（　　　）。

```
    #include <stdio.h>
    int main(){
        char *p1,*p2,str[50] = "xyz";
        p1 = "abcd";
        p2 = "ABCD";
        strcpy(str+2,strcat(p1+2,p2+1));
            printf("%s",str);
    }
```

【5.39】下面程序的输出结果是（　　　）。

```
    #include<string.h>
    #include <stdio.h>
    int main(){
        void fun(char *s);
        char a[] = "abcdefgh";
```

```
        fun(a);puts(a);
    }
    void fun(char *s){
        int x = 0,y; char c;
        for (y = strlen(s)-1;x<y;x++,y--)
        {c = s[x];s[x] = s[y];s[y] = c;}
    }
```

【5.40】下面程序执行后的结果是(　　)。

```
#include <stdio.h>
void func( int *a,int b[]){
    b[0] = *a+6;}
int main(){
    int a, b[5];
    a = 0; b[0] = 3;
    func(&a,b); printf("%d\n",b[0]);
}
```

【5.41】下面程序执行后的结果是(　　)。

```
#include <stdio.h>
int b = 2;
int func(int *a){
    b += *a; return (b);
}
int main(){
    int a = 2,res = 2;
    res += func(&a);
    printf("%d\n",res);
}
```

【5.42】阅读并运行程序，如果从键盘上分别输入字符串"qwerty"和字符串"abcd"，则程序的输出结果是(　　)。

```
#include"string.h"
#include"stdio.h"
int strle(char a[],char b[]){
    int num = 0,n = 0;
    while(*(a+num)! = '\0') num++;
    while(b[n]){ *(a+num) = b[n]; num++;n++; }
    *(a+num) = '\0';
    return (num);
}
int main(){
    char str1[81],str2[81],*p1 = str1,*p2 = str2;
    gets(p1);gets(p2);
    printf("%d\n",strle(p1,p2));
}
```

【5.43】下面程序的输出结果是( )。

```
#include <stdio.h>
void fun(int *n){
    while((*n)--);
        printf("%d",++(*n));
}
int main(){
    int a = 100;
    fun(&a);
}
```

【5.44】下面程序的输出结果是( )。

```
#include<stdio.h>
void fut(int *s,int p[6]){
    *s = p[4];
}
int main(){
    int a[6] = {1,3,5,7,9,11},*p;
    p = &a[3];
    fut(p,a);
    printf("%d\n",*p);
}
```

【5.45】下面程序的输出结果是( )。

```
#include <stdio.h>
void prtv(int *x){  printf("%d\n",++*x); }
int main(){ int a = 25; prtv(&a); }
```

【5.46】请读程序：

```
#include <stdio.h>
char fun(char *c){
    if (*c <= 'Z' && *c >= 'A') *c -= 'A' - 'a';
    return *c;
}
int main(){
    char s[81], *p = s;
    gets(s);
    while(*p)
    {*p = fun(p);putchar(*p);p++; }
    putchar('\n');
}
```

程序运行时，从键盘上输入"OPEN THE DOOR<CR>"，程序的输出结果是( )。

【5.47】下面程序的输出结果是( )。

```
#include <stdio.h>
void as(int x, int y, int *cp, int *dp){
```

```
        *cp = x + y;
        *dp = x - y;
    }
    int main(){
        int a = 4, b = 3, c, d;
        as(a, b, &c, &d);
        printf("%d %d", c, d);
    }
```

【5.48】下面程序的输出结果是(　　)。

```
    #include <stdio.h>
    void sub(int x,int y,int *z){
        *z = y - x;
    }
    int main(){
        int a, b, c;
        sub(10, 5, &a); sub(7, a, &b); sub(a, b, &c);
        printf("%d,%d,%d\n",a, b, c);
    }
```

【5.49】下面程序的输出结果是(　　)。

```
    #include <stdio.h>
    void fun(int *s,int n1,int n2){
        int i, j, t;
        i = n1; j = n2;
        while(i < j){
            t = *(s+i); *(s+i) = *(s+j); *(s+j) = t;
            i++;j--;
        }
    }
    int main(){
        int a[10] = {1, 2, 3, 4, 5, 6, 7, 8, 9, 0},i,*p = a;
        fun(p,0,3); fun(p,4,9); fun(p,0,9);
        for(i = 0;i<10;i++) printf("%d", *(a+i));
        printf("\n");
    }
```

【5.50】下面程序的输出结果是(　　)。

```
    #include <stdio.h>
    int main(){
        void sub(int *s,int y);
        int a[] = {1, 2, 3, 4}, i;
        int x = 0;
        for(i = 0; i < 4; i++)
        { sub(a, x); printf("%d",x);}
        printf("\n");
```

```
    }
    void sub(int *s,int y){
        static int t = 3;
        y = s[t];
        t--;
    }
```

【5.51】下面程序的运行结果是（   ）。

```
    #include <stdio.h>
    int b = 2;
    int func(int *a){ b += *a; return(b); }
    int main(){
        int a = 2,res = 2;
        res += func(&b);
        printf("%d\n",res);
    }
```

【5.52】下面程序的运行结果是（   ）。

```
    #include<stdio.h>
    void xf(char *s){
        int i,j;
        char *a;
        a = s;
        for(i = 0,j = 0;a[i]! = '\0';i++)
            if(a[i] >= '0'&&a[i] <= '9'){s[j] = a[i];j++;}
        s[j] = '\0';
    }
    int main(){
        char ming[] = "a34bc";
        xf(ming);
        printf("%s",ming);
    }
```

【5.53】下面程序的运行结果是（   ）。

```
    #include<stdio.h>
    #include<string.h>
    void fun(char *w,int n){
        char t,*s1,*s2;
        s1 = w; s2 = w+n-1;
        while(s1<s2) {t = *s1++;*s1 = *s2--;*s2 = t;}
    }
    int main(){
        char p[] = "1234567";
        fun(p,strlen(p));
        puts(p);
    }
```

【5.54】下面程序的运行结果是( )。

```
#include<stdlib.h>
#include <stdio.h>
void fun(int **a, int p[2][3]){ **a = p[1][1]; }
int main(){
    int x[2][3] = {2,4,6,8,10,12},*p;
    p = (int *)malloc(sizeof(int));
    fun(&p,x);
    printf("%d\n",*p);
}
```

【5.55】下面程序的运行结果是( )。

```
#include<stdio.h>
int main(){
    int i,k;
    int sub(int *s);
    for(i = 0;i<4;i++){
        k = sub(&i);
        printf("%2d",k);
    }
    printf("\n");
}
int sub(int *s){
    static int t = 0;
    t = *s+t;
    return t;
}
```

【5.56】下面程序的运行结果是( )。

```
#include<stdio.h>
#define N 5
int fun(char *s,char a,int n){
    int j;
    *s = a; j = n;
    while(*s<s[j]) j--;
    return j;
}
int main(){
    char c[N+1];
    int i;
    for(i = 1;i <= N;i++) *(c+i) = 'A'+i+1;
    printf("%d\n",fun(c,'E',N));
}
```

【5.57】从键盘输入"abcdabcdef<CR>cde<CR>",则下面程序的运行结果是( )。

```
#include<stdio.h>
int main(){
```

```
    int fun(char *p, char *q);
    int a; char s[80],t[80];
    gets(s); gets(t);
    a = fun(s,t);
    printf("a = %d\n",a);
}
int fun(char *p, char *q){
    int i;
    char *p1 = p,*q1;
    for(i = 0;*p! = '\0';p++,i++){
        p = p1+i;
        if(*p! = *q) continue;
        for(q1 = q+1,p = p+1;*p! = '\0'&&*q1! = '\0';q1++,p++)
            if(*p! = *q1) break;
        if(*q1 == '\0') return i;
    }
    return(-1);
}
```

【5.58】下面程序的运行结果是(   )。

```
#include <stdio.h>
void swap(int *a,int *b){
    int *t;
    t = a; a = b; b = t;
}
int main(){
    int x = 3,y = 5,*p = &x,*q = &y;
    swap(p,q);
    printf("%d%d\n",*p,*q);
}
```

【5.59】下面程序的运行结果是(   )。

```
#include<stdio.h>
void fun(int *a,int *b){
    int *k;
    k = a; a = b; b = k;
}
int main(){
    int a = 3,b = 6,*x = &a,*y = &b;
    fun(x,y);
    printf("%d %d",a,b);
}
```

【5.60】下面程序的输出结果是(   )。

```
# include <stdio.h>
int main(){
```

```
    void swap(int *p1,int *p2);
    int a,b;
    int *pointer_1,*pointer_2;
    scanf("%d,%d",&a,&b);
    pointer_1 = &a;
    pointer_2 = &b;
    if(a<b)
        swap(pointer_1,pointer_2);
    printf("\n%d,%d\n",a,b);
}
void swap(int *p1,int *p2){
    int temp;
    temp = *p1;
    *p1 = *p2;
    *p2 = temp;
}
```

如果要使 a 值为 3，b 值为 8，则输出结果是什么？

【5.61】下面程序的输出结果是（ ）。

```
#include <stdio.h>
void fun(char *a1, char *a2, int n){
    int k;
    for(k = 0; k < n; k++){
        a2[k] = (a1[k]-'A'-3+26)%26+'A';
        a2[n] = '\0';
    }
}
int main(){
    char s1[5] = "ABCD", s2[5];
    fun(s1, s2, 4);
    puts(s2);
}
```

【5.62】下面程序的运行结果是（ ）。

```
#include <stdio.h>
int main(){
    int x[5] = {2,4,6,8,10},*p,**pp;
    p = x;
    pp = &p;
    printf("%d,",*(p++));
    printf("%d\n",**pp);
}
```

【5.63】下面程序的运行结果是（ ）。

```
#include<stdio.h>
int main(){
```

```
char a[80],b[80],*p = "aAbcdDefgGH";
int i = 0,j = 0;
while(*p! = '\0'){
    if(*p >= 'a'&&*p <= 'z'){ a[i] = *p;i++;}
    else { b[j] = *p;j++;}
    p++;
}
a[i] = b[j] = '\0';
printf("%s",a);puts(b);
}
```

【5.64】有以下定义和语句，则*− −p 的值是（　　　）。

```
int a[4] = {0,1,2,3},*p;
p = &a[2];
```

【5.65】下面程序的运行结果是（　　　）。

```
#include<stdio.h>
int main(){
    int va[10],vb[10],*pa,*pb,i;
    pa = va;pb = vb;
    for(i = 0;i<3;i++,pa++,pb++){
        *pa = i;*pb = 2*i;
        printf("%d,%d;",*pa,*pb);
    }
    pa = &va[0];pb = &vb[0];
    for(i = 0;i<3;i++){
        *pa = *pa+i;*pb = *pb*i;
        printf("%d,%d;",*pa++,*pb++);
    }
}
```

【5.66】从键盘上输入 "26<CR>"，则下面程序的运行结果是（　　　）。

```
#include<stdio.h>
int main(){
    int b[16],x,k,r,i;
    printf("Enter a integer:\n");
    scanf("%d",&x);
    printf("%6d's bianry number is: ",x);
    k = -1;
    do{
        r = x%2;
        k++;
        *(b+k) = r;
        x/ = 2;
    }while(x! = 0);
    for(i = k;i >= 0;i--) printf("%1d",*(b+i));
```

```
        printf("\n");
    }
```

【5.67】下面函数完成的功能是(   )。

```
#define M 10
int  fum (int *a,int *n,int pos[ ]){
    int i,k = 0,max = -32768;
    for (i = 0;i<M;i++)
        if(a[i]>max)
            max = a[i];
    for(i = 0;i<M;i++)
        if(a[i] == max)
            pos[k++] = i;
    *n = k;
    return  max;
}
```

【5.68】下面程序的输出是(   )。

```
#include <stdio.h>
int main(){
    int a[10] = {1,2,3,4,5,6,7,8,9,10},*p = a;
    printf("%d\n",*(p+2));
}
```

【5.69】设有如下函数定义:

```
int f(char *s){
    char *p = s;
    while(*p! = '\0')
        p++
    return(p-s);
}
```

如果在主程序中用下面的语句调用上述函数,则输出结果为(   )。

```
printf("%d\n",f("goodbye!"));
```

【5.70】执行以下程序后,y 的值是(   )。

```
#include <stdio.h>
int main(){int a[] = {2,4,6,8,10};
    int y = 1,x,*p;
    p = &a[1];
    for(x = 0;x<3;x++)
        y += *(p+x);
    printf("%d\n",y);
}
```

【5.71】下面程序的输出结果是(   )。

```
char b[] = "ABCDEFG";
char *chp = &b[7];
while (--chp>&b[0])
    putchar(*chp);
putchar('\n');
```

【5.72】设有如下程序：

```
#include <stdio.h>
int main(){
    int **k,*j,i = 100;
    j = &i; k = &j;
    printf("%d\n",**k);
}
```

输出结果是（   ）。

【5.73】下面程序的输出结果是（   ）。

```
#include <stdio.h>
int main(){
    char *p[] = {"BOOL", "OPK", "H", "SP"};
    int i;
    for(i = 3; i  >= 0; i--, i--)
        printf("%c",*p[i]);
    printf("\n");
}
```

【5.74】阅读程序：

```
#include <stdio.h>
int main(){
    char str1[] = "how do you do",str2[10];
    char *p1 = str1,*p2 = str2;
    scanf("%s",p2);
    printf("%s",p2);
    printf("%s\n",p1);
}
```

运行上面的程序，输入字符串"HOW DO YOU DO"，则程序的输出结果是（   ）。

【5.75】下面程序的输出是（   ）。

```
#include"stdio.h"
int main(){
    char *s = "12134211";
    int v1 = 0,v2 = 0,v3 = 0,v4 = 0,k;
    for (k = 0;s[k];k++)
    switch (s[k]){
        default :v4++;
        case '1':v1++;
        case '3':v3++;
```

```
            case '2':v2++;
        }
        printf("v1 = %d,v2 = %d,v3 = %d,v4 = %d\n",v1,v2,v3,v4);
    }
```

【5.76】下面程序的运行结果是(　　)。

```
#include <stdio.h>
void fot(int *p1,int *p2){
    printf("%d,%d,",*(p1++),++*p2);
}
int x = 971,y = 369;
int main(){
    fot(&x,&y);
    fot(&x,&y);
}
```

【5.77】下面程序的输出结果是(　　)。

```
#include<stdio.h>
#include<math.h>
int main(){
    int a = 1,b = 4,c = 2;
    float x = 10.5,y = 4.0,z;
    z = (a+b)/c+sqrt((double)y)*1.2/c+x;
    printf("%f\n",z);
}
```

【5.78】设有如下一段程序:

```
int *var, ab;
ab = 100;
var = &ab;
ab = *var + 10;
```

执行上面的程序段后,ab 的值为(　　)。

【5.79】下面程序的输出结果是(　　)。

```
#include <stdio.h>
int main(){
    char *p = "abcdefgh",*r;
    long *q;
    q = (long*)p;
    q++;
    r = (char*)q;
    printf("%s\n",r);
}
```

5.2.3　填空题

【5.80】程序填空,以下程序求 a 数组中所有素数的和,函数 isprime 用来判断自变量是否为素数。素数是只能被 1 和本身整除且大于 1 的自然数。

```
#include <stdio.h>
int main(){
    int i,a[10],*p = a,sum = 0;
    int isprime(int x);
    printf("Enter 10 num :\n");
    for (i = 0;i<10;i++)
        scanf("%d",&a[i]);
    for(i = 0;i<10;i++)
        if (isprime(*(p+   (1)   )) == 1)        //填空
        {
            printf("%d",*(a+i));
            sum += *(a+i);
        }
    printf("\n The sum = %d\n",sum);
}
int isprime(int x){
    int i;
    for(i = 2;i <= x/2;i++)
        if(x%i == 0) return(0);
            (  (2)  );                           //填空
}
```

【5.81】程序填空，以下程序调用 invert 函数，按逆序重新放置 a 数组中元素的值。a 数组中元素的值在 main 函数中读入。

```
#include<stdio.h>
#define N 10
void invert(int *s,int i,int j){
    int t;
    f(i<j){
        t = *(s+i);
        *(s+i) = *(s+j);
        *(s+j) = t;
        invert(s,   (1)   , j-1);                //填空
    }
}
int main(){
    int a[N],i;
    for(i = 0;i<N;i++)
        scanf("%d",a+   (2)   );                 //填空
    invert(a,0,N-1);
    for(i = 0;i<N;i++)
        printf("%d",a[i]);
    printf("/n");
}
```

【5.82】下面函数的功能是(   )。

```
sss(s, t)
char *s, *t;
```

```
{
    while((*s)&&(*t)&&(*t+ +== *s++));
    return (*s - *t);
}
```

【5.83】下面的函数的功能是（   ）。

```
int  fun1(char *x){
    char *y = x;
    while(*y++);
    return(y-x-1);
}
```

【5.84】下面程序通过函数 average 计算数组中各元素的平均值。请填空。

```
#include <stdio.h>
float average (int *pa ,int n){
    int i;
    float avg = 0.0;
    for (i = 0;i<n;i++)
        avg = avg+( (1) );        //填空
    avg = ( (2) );                //填空
    return avg;
}
int main(){
    int i,a[5] = {2,4,6,8,10};
    float mean;
    mean = average(a,5);
    printf("mean = %f\n",mean);
}
```

【5.85】函数 void fun(float *sn,int n)的功能是：根据以下公式计算 s，计算结果通过形参指针 sn 传回，n 通过形参传入，n 的值大于等于 0。请填空。

$s = 1-1/3+1/5-1/7+\cdots 1/(2n+1)$

```
void  fun(float *sn,int n){
    float s = 0.0,w,f = -1.0; int i = 0;
    for(i = 0;i <= n;i++){
        f = ( (1) )*f;            //填空
        w = f/(2*i+1);
        s += w;
    }
    ( (2) ) = s;                  //填空
}
```

【5.86】下面程序的功能是将字符串 b 复制到字符串 a 中。请填空。

```
#include<stdio.h>
void s(char *s,char *t){
    int i = 0;
```

```
        while(   (1)   )                //填空
            (   (2)   );                //填空
    }
    int main(){
        char a[20],b[10];
        scanf("%s",b);
        s(   (3)   );                   //填空
        puts(a);
    }
```

【5.87】以下函数用来在 w 数组中插入 x，w 数组中的数已按由大到小顺序存放，n 所指向的存储单元中存放数组中数据的个数。插入 x 后数组中的数仍有序。请填空。

```
void fun (char *w,char x,int *n){
    int i,p;
    p = 0;
    w[*n] = x;
    while (x<w[p])
        (   (1)   );                    //填空
    for (i = *n;i>p;i--)
        w[i] = (   (2)   );             //填空
    w[p] = x;
    ++*n;
}
```

【5.88】fun 函数的功能是：首先对 a 所指的 N 行 N 列的矩阵，找出各行中的最大值，再将这 N 个最大值中的最小的那个数作为函数值返回。请填空。

```
#include <stdio.h>
#define N 100
int fun(int(*a)[N]){
    int row,col,max,min;
    for(row = 0;row<N;row++){
        for(max = a[row][0],col = 1;col<N;col++)
            if(   (1)   )                //填空
                max = a[row][col];
        if(row == 0) min = max;
        else if(   (2)   ) min = max;  //填空
    }
    return min;
}
```

【5.89】函数 sstrcmp() 的功能是对两个字符串进行比较。当 s 所指字符串和 t 所指字符串相等时，返回值为 0；当 s 所指字符串大于 t 所指字符串时，返回值大于 0；当 s 所指字符串小于 t 所指字符串时，返回值小于 0（功能等同于库函数 strcmp()）。请填空。

```
#include <stdio.h>
int sstrcmp(char *s,char *t){
```

```
    while(*s&&*t&& *s ==     (1)    ){        //填空
        s++;
        t++;
    }
    return (   (2)   );                         //填空
}
```

【5.90】以下程序是先输入数据给数组 a 赋值，然后按照从 a[0]到 a[4]的顺序输出各元素的值，最后再按照从 a[4]到 a[0]的顺序输出各元素的值。请填空。

```
#include<stdio.h>
int main(){
    int a[5];
    int i, *p;
    p=a;
    for(i=0;i<5;i++)
        scanf("%d",p++);
    (     (1)     )                             //填空
    for(i=0;i<5;i++,p++)
        printf("%d",*p);
    printf("\n");
    (     (2)     )                             //填空
    for(i = 4;i >= 0,i--, p--)
        printf("%d",*p);
    printf("\n");
}
```

【5.91】指针 s 所指字符串的长度为（　　）。

```
char *s = "\t\"Name\\Address\n"
```

【5.92】若有以下定义和语句，则通过指针 p 引用值为 98 的数组元素的表达式是（　　）。

```
int w[10] = {23,54,10,33,47,98,72,80,61},*p;
p = w;
```

【5.93】以下程序的功能是：将无符号八进制数字构成的字符串转换为十进制整数。例如，输入的字符串为 556，则输出十进制数 366。请填空。

```
#include "stdio.h"
int main(){
    char *p,s[6];
    int n;
    p = s;
    gets(p);
    n = *p-'0';
    while( (   ) ! = '\0') n = n*8+*p-'0';      //填空
    printf("%d\n",n);
}
```

【5.94】若要用下面的程序片段使指针变量 p 指向一个存储整型变量的动态存储单元。

```
int *p;
p = (    )malloc(sizeof(int));
```

则应填入（   ）。

【5.95】若要使指针 p 指向一个 double 类型的动态存储单元，请填空。

```
p = (    )malloc(sizeof(double));
```

【5.96】下面程序的功能是：将字符数组 a 中下标值为偶数的元素从小到大排列，其他元素不变。请填空。

```
#include "stdio.h"
#include "string.h"
#include <stdio.h>
int main(){
    char a[] = "clanguage",t;
    int i,j,k;
    k = strlen(a);
    for(i = 0;i <= k-1;i += 2)
        for(j = i+2;j<k;    (1)    )              //填空
            if( (2)  ) { t = a[i]; a[i] = a[j]; a[j] = t; } //填空
    puts(a);
    printf("\n");
}
```

【5.97】设 ch 是 char 型变量，其值为'A'，且有下面的表达式：ch = (ch >= 'A' && ch <= 'Z') ? (ch + 32) : ch，则表达式的值是（   ）。

【5.98】若 x 和 y 都是 int 型变量，x = 100，y = 200，且有下面的程序段："printf("%d",(x,y));"，则程序段的输出结果是（   ）。

【5.99】调用库函数 malloc 使字符指针 st 指向一个能够存放 100 个 int 型数据的动态存储空间，请填空。

```
st = (int *)(       );
```

【5.100】设有定义："int n,*k = &n;"，以下语句将利用指针变量 k 读写变量 n 中的内容，请将语句补充完整。

```
scanf("%d,",    (1)    );printf("%d\n",    (2)    );
```

5.3　习题参考答案与简析

5.3.1　选择题

题号　【5.1】～【5.15】
答案　C C A C C D C B B B D A B B C
题号　【5.16】～【5.29】

答案 A B D C C C D D A D A C C D

【5.1】C。简析：

A. 因为数组名 str 就是数组的首地址，因此 str 前面不能再加运算符&。

B. 因为指针变量 p 的值不确定，因此把从键盘输入的字符串存放到 p 所指向的位置可能破坏其中原来的数据。

C. 因为 str[2]是字符型变量，&str[2]是地址，把从键盘输入的字符串存放到&str[2]所指向的位置是对的。

D. 因为 p[2]是一个字符型变量，因此 p[2]前面应加运算符&。

【5.9】B。简析：因为运算符[ ]优先级比运算符*高，因此*(pw+1)[2]相当于*((pw+1)[2])。

【5.10】B。简析：或者 data.a 或者 p–>a。

【5.19】C。简析：原因是指针变量 str3 的值不确定，函数 strcpy(str3,"HELLO3")将字符串"HELLO3"复制到位置不确定的空间，可能破坏原来存储在该空间里的数据。

5.3.2 阅读程序

【5.30】up down left right   【5.31】111113

【5.32】k = 2 a = 3 b = 2。简析：第 1 次循环结果是 k = 1 a = 2 b = 2；第 2 次循环结果是 k = 2 a = 3 b = 2。

【5.33】27。简析：指针变量 p 指向一个具有 4 个元素的一维数组，因此 p+1 指向下一个具有 4 个元素的一维数组。

【5.34】6385   【5.35】gae

【5.36】C51。简析：将 a 除以 16 取余数，将余数 0,1,2,…,10,11,12,13,14,15 转换成字符'0','1','2',…,'A','B','C','D','E','F'。因为 48 是字符'0'的 ASCII 码，又因为 b+55 = b–10+65，即将余数为 10,11,12,13,14,15 先减去 10 在加上 65(字符'A'的 ASCII 码)，转换成'A','B','C','D','E','F'。然后 a 再除以 5 取整。如果将语句 a = a/5 改为 a = a/16，那么本程序功能是将十进制数转换成十六进制字符串，但是输出时是低位在前，高位在后。

【5.37】aabcabc   【5.38】xycdBCD

【5.39】hgfedcba   【5.40】6

【5.41】6   【5.42】10

【5.43】0   【5.44】9

【5.45】26   【5.46】open the door

【5.47】7 1   【5.48】−5,−12,−7

【5.49】5678901234   【5.50】0000

【5.51】6   【5.52】34

【5.53】1711717   【5.54】10

【5.55】 0 1 3 6   【5.56】3

【5.57】a = 6   【5.58】3 5

【5.59】3 6   【5.60】8,3

【5.61】XYZA   【5.62】2,4

【5.63】abcdefgADGH   【5.64】1

【5.65】0,0;1,2;2,4;0,0;2,2;4,8;

【5.66】26's binary number is 11010。简析：将十进制数转为二进制数字符串形式输出。

【5.67】在数组 a 中找出最大值，将最大值作为函数返回，将数组 a 中等于最大值的元素个数存放到*n 中，将每个最大值的下标记录在数组 pos 中。

【5.68】3

【5.69】8。简析：函数 f 的功能是计算字符串的长度。

【5.70】19　　　　　　　　　　　　　　【5.71】GFEDCB

【5.72】100。简析：k 的值为变量 j 的地址，因此*k 即 j，**k 即*j 即 i。

【5.73】SO　　　　　　　　　　　　　　【5.74】HOWhow do you do

【5.75】v1 = 5,v2 = 8,v3 = 6,v4 = 1。简析：因为语句 v4++、v1++、v3++后面没有 break 语句，因此程序会继续运行。如果程序改为：

```
default :v4++; break;
case '1':v1++; break;
case '3':v3++; break;
case '2':v2++; break;
```

那么程序输出为：v1 = 4,v2 = 2,v3 = 1,v4 = 1。

【5.76】　971,370,971,371,　　　　　　　【5.77】13.700000

【5.78】110　　　　　　　　　　　　　　【5.79】efgh

5.3.3　填空题

【5.80】(1)i　(2)return　　　　　　　　　【5.81】(1)i+1　(2)i

【5.82】比较两个字符串的大小。

【5.83】计算字符串的长度。简析：循环"while (*y++);"的循环体为一空语句，循环结束时指针 y 指向字符串结束符'\0'的下一字节，因此 y−x−1 是指针 x 所指向的字符串的长度。

【5.84】(1)pa[i]或*(pa+i)　(2)avg/n　　【5.85】(1)−1　(2)*sn

【5.86】(1)(s[i] = t[i])! = '\0'　(2)i++;　(3)a,b

【5.87】(1)p++;　(2)w[i−1]

【5.88】(1)a[row][col]>max 或者 a[row][col] >= max　(2)max<min 或者 max <= min

【5.89】(1)*t 或者 t[0]　(2)*s−*t 或者 s[0]−t[0]

【5.90】(1)p = a;或者 p = &a[0];　(2)p = a+4;或者 p = &a[4];

【5.91】15。简析：该字符串包含的字符有 (\t) (\") (N) (a) (m) (e) (\\) (A) (d) (d) (r) (e) (s) (s) (\n)。

【5.92】*(p+5)　　　　　　　　　　　　【5.93】*++p 或者*(++p)

【5.94】(int *)　　　　　　　　　　　　【5.95】(double *)

【5.96】(1)j += 2　(2)a[i]>a[j]　　　　　【5.97】'a'

【5.98】200。简析：逗号表达式(x,y)的值为 200。

【5.99】malloc(100*sizeof(int))　　　　　【5.100】(1)k　(2)*k

第6章 结 构 体

6.1 语法知识要点

结构体是一种构造型的数据类型，它把多个数据组合起来形成一个整体，用于描述一个对象的若干方面的属性。结构体类型的定义格式：

```
struct 结构体名 {
    类型标识符  成员名1;
    …
    类型标识符  成员名n;
};
```

可以先定义结构体类型，然后定义结构体变量：

```
struct 结构体名  结构体变量表;
```

也可以在定义结构体类型的同时定义结构体变量：

```
struct 结构体名 {
    类型标识符  成员名1;
    …
    类型标识符  成员名n;
}结构体变量表;
```

6.2 习题

6.2.1 选择题

【6.1】有以下定义和语句：

```
#include <stdio.h>
struct student{
    int age;
    int num;
};
struct student stu[3] = {{1001,20},{1002,19},{1003,21}};
int main(){
    struct student *p;
    p = stu;
}
```

则不正确的引用是（   ）。

A．(p++)–>num　　　B．p++　　　　C．(*p).num　　　D．p = &stu.age

【6.2】有以下语句：

```
struct st{
    int n;
    struct st *next;
};
static struct st a[3] = {5,&a[1],7,&a[2],9,'\0'},*p;
p = &a[0];
```

则以下表达式的值为 6 的是（　　）。

A．p++–>n　　　　B．p–>n++　　　C．(*p).n++　　　D．++p–>n

【6.3】有以下说明和定义语句，则表达式的值为 3 的选项是（　　）。

```
struct s{
    int m;
    struct s *n;
};
static struct s a[3] = {1,&a[1],2,&a[2],3,&a[0]},*ptr;
ptr = &a[1];
```

A．ptr–>m++　　　B．ptr++–>m　　C．*ptr–>m　　　D．++ptr–>m

【6.4】以下对结构体类型变量的定义中，不正确的是（　　）。

A．typedef struct aa{ int n;float m;}AA;AA td1;

B．#define AA struct aa

　AA { int n;float m;}td1;

C．struct{ int n;float m;}aa;struct aa td1;

D．struct{ int n;float m;}td1;

【6.5】根据下面的定义，能打印出字母 M 的语句是（　　）。

```
struct person{char name[9];int age;}
struct person class[10] = {"John",17,"Paul",19,"Mary",18,"Adam",16};
```

A．printf("%c\n",class[3].name);　　　　B．printf("%c\n",class[3].name[1]);

C．printf("%c\n",class[2].name[1]);　　　D．printf("%c\n",class[2].name[0]);

【6.6】有以下程序：

```
#include "stdio.h"
struct stu{
    char num[10];
    float score[3];
};
int main(){
    struct stu s[3] = {{"20021",90,95,85},{"20022",95,80,75},{"20023",100,95,90}};
    struct stu *p = s;
    int i;
    float sum = 0;
```

```
    for(i = 0;i<3;i++)
        sum = sum+p->score[i];
    printf("%6.2f\n",sum);
}
```

程序运行后的输出结果是( )。

    A. 260.00   B. 270.00   C. 280.00   D. 285.00

【6.7】设有如下定义：

```
struct sk{
    int a;
    float b;
}data;
int *p;
```

若要使 p 指向 data 中的 a 域，正确的赋值语句是( )。

    A. p = &a;   B. p = data.a;   C. p = &data.a;   D. *p = data.a;

6.2.2 阅读程序

【6.8】下面程序的运行结果是( )。

```
#include<stdio.h>
int main(){
    struct date{
        int year,month,day;
    }today;
    printf("%d\n",sizeof(struct date));
}
```

【6.9】下面程序的运行结果是( )。

```
#include<stdio.h>
int main(){
    struct cmplx{
        int x;
        int y;
    }cnum[2] = {1,3,2,7};
    printf("%d\n",cnum[0].y/cnum[0].x*cnum[1].x);
}
```

【6.10】下面程序的运行结果是( )。

```
#include<stdio.h>
struct st{
    int x,*y;
}*p;
int dt[4] = {10,20,30,40};
struct st aa[4] = {50,&dt[0],60,&dt[1],70,&dt[2],80,&dt[3]};
int main(){
```

```
        p = aa;
        printf("%d,",++p->x);
        printf("%d,",(++p)->x);
        printf("%d",++(*p->y));
    }
```

【6.11】下面程序的运行结果是(　　　)。

```
#include<stdio.h>
int main(){
    struct MING{
        struct{
            int x;
            int y;
        }in;
        int a;
        int b;
    }e;
    e.a = 1;e.b = 2;
    e.in.x = e.a*e.b;
    e.in.y = e.a+e.b;
    printf("%d,%d",e.in.x,e.in.y);
}
```

【6.12】下面程序的运行结果是(　　　)。

```
#include<stdio.h>
struct s{
    int a;
    float b;
    char *c;
};
int main(){
    static struct s x = {19,83.5,"zhang"};
    struct s *px = &x;
    printf("%d,%.1f,%s;",x.a,x.b,x.c);
    printf("%d,%.1f,%s;",px->a,(*px).b,px->c);
    printf("%c,%s",*px->c-1,&px->c[1]);
}
```

【6.13】下面程序执行后的结果是(　　　)。

```
#include<stdio.h>
struct abc{
    int a,b,c;
};
int main(){
    struct abc s[2] = {{1,2,3},{4,5,6}};
    int i,t;
```

```
    t = s[0].a[3[1].b;
    printf("%d\n",t);
}
```

6.2.3　填空题

【6.14】以下程序用来输出结构体变量 ex 所占存储单元的字节数。请填空。

```
#include<stdio.h>
struct st{
    char name[20];
    double score;
};
int main(){
    struct st ex;
    printf("ex size: %d",sizeof(   ));          //填空
}
```

【6.15】有以下说明定义和语句，可用 a.day 引用结构体成员 day。请写出引用结构体成员 a.day 的其他两种形式（　(1)　），（　(2)　）。

```
struct{int day; char mouth; int year;}a,*b;b = &a;
```

【6.16】下面 min3 函数的功能是：计算单向循环链表 first 中每 3 个相邻结点数据域中的值之和，返回其中最小的值。请填空。

```
struct node { int data; struct node *link;};
int min3(sturct node *first){
    struct node *p = first;
    int m,m3 = p->data+p->link->data+p->link->link->data;
    for (p = p->link;p! = first;p = (   (1)   ))         //填空
    {
        m = p->data+p->link->data+p->link->link->data;
        if(   (2)   ) m3 = m;                            //填空
    }
    return (m3);
}
```

【6.17】以下函数 creat()用来建立一个有头结点的单向链表，新产生的结点是插在链表的末尾，当输入'?'时，链表创建结束，单向链表的头指针作为函数值返回。请填空。

```
#include <stdio.h>
struct list{
    char data;
    struct list *next;
};
struct list *creat(){
    struct list *h,*p,*q;
```

```
        char ch;
        h = (    (1)    )malloc(sizeof(struct list));        //填空
        p = q = h;
        ch = getchar();
        while (ch! = '?'){
            p = (    (2)    )malloc(sizeof(struct list)); //填空
            p->data = ch;
            q->next = p;
            q = p;
            ch = getchar();
        }
        p->next = '\0';
        (              (3)              );                    //填空
    }
```

6.3　习题参考答案与简析

6.3.1　选择题

题号　【6.1】～【6.7】

答案　D D D C D B C

【6.2】简析：选项 A、B、C 的值均为 5。

6.3.2　阅读程序

【6.8】12。简析：输出结构体 date 的大小，结构体中共有 3 个 int 型变量，在 Dev-C 环境中每个 int 型变量占 4 字节。

【6.9】6

【6.10】51,60,21

【6.11】2,3

【6.12】19,83.5,zhang;19,83.5,zhang;y,hang

简析：px->c 是字符串"zhang"的首地址，*px->c 的值为字符'z'，*px->c-1 的值为字符'y'。px->c 是字符串"zhang"的首地址，px->c[1]的值为字符'h'，&px->c[1]是字符串"hang"的地址。

【6.13】6

6.3.3　填空题

【6.14】ex 或者 struct st

【6.15】(1)b->day　(2)(*b).day

【6.16】(1)p->link　(2)(m<m3)

【6.17】(1)(struct list*)　(2)(struct list*)　(3)return h;

第7章 文　　件

7.1　语法知识要点

1. 文件的分类

(1) 按存储介质分类：普通文件和设备文件

(2) 按数据组织形式分类：ASCII 文件和二进制文件

(3) 按文件存取方式分类：顺序文件和随机文件

(4) 按文件的处理方式分类：缓冲区文件和非缓冲区文件

(5) 标准设备文件包括：stdin、stdout 和 stderr

2. 文件打开与关闭

(1) 文件类型指针

```
FILE *fp;
```

(2) 文件打开和关闭

```
fp = fopen(文件名，打开方式);
fclose(fp);
```

(3) 打开方式

```
"r", "w", "a", "r+", "w+", "a+", "rb", "wb", "ab", "rb+", "wb+", "ab+"
```

3. 文件读写操作

(1) 从文件中读一个字符　　　　　　　　　　getc(fp);

(2) 向文件中写一个字符　　　　　　　　　　fputc(ch,fp);

(3) 从文件中读一个字符串　　　　　　　　　fgets(str, count, fp);

(4) 向文件中写一个字符串　　　　　　　　　fputs(str, fp);

(5) 从文件中读一个数据块到缓冲区　　　　　fread(buffer,size,count,fp);

(6) 将缓冲区的内容写到文件中　　　　　　　fwrite(buffer,size,count,fp);

(7) 按格式将数据写到文件中　　　　　　　　fprintf(fp,格式字符串,输出列表);

(8) 按格式从文件中读数据　　　　　　　　　fscanf(fp,格式字符串,输入地址列表);

4. 文件其他操作

(1) 文件的定位

```
rewind(fp);
```

```
fseek(fp,位移量,起始点);
```

(2)判断文件是否结束

```
feof(fp);
文本文件结束符是 EOF。
```

7.2　习题

7.2.1　选择题

【7.1】若 fp 是某文件的指针，且已读到该文件末尾，则函数 feof(fp)返回值是（　　）。

A. EOF　　　　　　B. −1　　　　　　　C. 非零值　　　　　　　D. NULL

【7.2】下面程序运行后的输出结果是（　　）。

```
#include <stdio.h>
int main(void){
    FILE *fp;
    int i = 60,j = 80,k,n;
    fp = fopen("f1.txt","w");
    fprintf(fp,"%d\n",i);
    fprintf(fp,"%d\n",j);
    fclose(fp);
    fp = fopen("f1.txt","r");
    fscanf(fp,"%d%d",&k,&n);
    printf("%d%d\n",k,n);
    fclose(fp);
}
```

A. 6080　　　　　　B. 60 80　　　　　　C. 程序出错　　　　　　D. 以上都不对

【7.3】以下叙述中错误的是（　　）。

A. 二进制文件打开后可以先读文件的末尾，而顺序文件不可以

B. 在程序结束之前，应当用 fclose()函数关闭已打开的文件

C. 用 fread 函数读取二进制文件中的数据时，可以用数组名给数组中所有元素读入数据

D. 不可以用 FILE 定义指向二进制文件的文件指针

【7.4】若要打开 C 盘上 user 子目录下名为 f.txt 的文本文件进行读、写操作，下面符合此要求的函数调用是（　　）。

A. fopen("C:\user\f.txt","r")　　　　　　B. fopen("C:\\user\\f.txt","r+")

C. fopen("C:\user\f.txt","rb")　　　　　　D. fopen("C:\\user\\f.txt","w")

【7.5】标准函数 fgets(str,count,fp)的功能是（　　）。

A. 从 fp 指向的文件中读取长度为 count 的字符串存入 str 所指向的内存缓冲区

B. 从 fp 指向的文件中读取长度为 count-1 的字符串存入 str 所指向的内存缓冲区

C. 从 fp 指向的文件中读取 count 个字符串存入 str 所指向的内存缓冲区

D．从 fp 指向的文件中读取长度不大于 count-1 的字符串存入 str 所指向的内存缓冲区

【7.6】假设二进制文件 file.dat 已存在，函数 fopen("file.dat","ab") 的功能是（　　）。

A．打开二进制文件 file.dat，重新创建文件

B．打开二进制文件 file.dat，只能写入新的内容

C．打开二进制文件 file.dat，只能读取原有内容

D．打开二进制文件 file.dat，可以读取和写入新的内容

【7.7】假设二进制文件 file.dat 已存在，函数 fopen("file.dat","wb+") 的功能是（　　）。

A．打开二进制文件 file.dat，重新创建文件，可以对文件进行读写操作

B．打开二进制文件 file.dat，只能写入新的内容

C．打开二进制文件 file.dat，只能读取原有内容

D．打开二进制文件 file.dat，原文件不删除，可以读取和写入新的内容

【7.8】在 C 语言中，可以实现函数 putchar(ch) 功能的是（　　）。

A．fputc(stdin,ch)　　　　　　　　　B．fputc(stdout,ch)

C．fputc(stderr,ch)　　　　　　　　　D．以上都不对

【7.9】在 C 语言中，stderrt 代表（　　）。

A．标准输入设备　　　　　　　　　　B．标准输出设备

C．磁盘文件　　　　　　　　　　　　D．标准错误输出设备

【7.10】函数 fseek(pf, 10L,SEEK_SET) 的功能是（　　）。

A．fp 所指向的文件的位置指针移动 10 字节

B．fp 所指向的文件的位置从文件首部向后移动 10 字节

C．fp 所指向的文件的位置从当前位置向后移动 10 字节

D．fp 所指向的文件的位置从文件尾部向前移动 10 字节

7.2.2　阅读程序

【7.11】分析下面程序的功能。

```c
#include <stdio.h>
void main(void ){
    FILE * fp1,* fp2;
    int n = 1;
    char c;
    if((fp1 = fopen(f,"r")) == NULL) //f 的使用模式为"r"
        {printf("cannot open infile\n");exit(0);}
    if((fp2 = fopen(g,"w")) == NULL) //g 的使用模式为"w"
        {printf("cannot open infile\n");exit(0);}
    do{
        c = fgetc(fp1);
        if(n%2 == 1)
            fputc(c,fp2);
        if(c == '\n')
            n++;
    }while(!eof(fp1))
    fclose(fp1);
```

```
        fclose(fp2);
    }
```

【7.12】分析下面程序的功能。

```
    #include <stdio.h>
    int main(void){
        FILE * fp;
        int n = 0;
        char c;
        if((fp = fopen("file1.txt","r")) == NULL){
            printf("cannot open infile\n");
            exit(0);
        }
        do {
            c = fgetc(fp);
            if(c >= '0'&&c <= '9')
                n++;
        } while(!eof(fp))
        printf("%d\n",n);
        fclose(fp);
    }
```

【7.13】假设文件 file2.txt 中的内容如下：

```
abcdefg
123456789
hijk
```

请给出下面程序运行的结果（　　）。

```
    #include<stdio.h>
    int main(void){
        FILE *fp;
        char str[6];
        if((fp = fopen("file2.txt","r")) == NULL){
            printf("cannot open infile\n");
            exit(0);
        }
        while(!feof(fp)) {
            fgets(str,5,fp);
            printf("%s,",str);
        }
        fclose(fp);
    }
```

7.2.3　填空题

【7.14】下面程序的功能是输入若干个整数，这些整数分行写到文本文件 integer.txt 中。请填空。

```
#include<stdio.h>
int main(void){
    int n,x,i;
    FILE *fp;
    if((fp = fopen(    (1)    )) == NULL){          //填空
        printf("cannot open file integer.txt");
        exit(0);
    }
    printf("请输入欲输入整数的个数:");
    scanf("%d",&n);
    for(i = 0;i<n;i++){
        scanf("%d",&x);
        fprintf(    (2)    );                        //填空
    }
    fclose(fp);
    return 0;
}
```

【7.15】下面程序的功能是从键盘输入若干个字符串，过滤每个字符串中的数字字符，将它们写入文本文件 string.txt 中，每个字符串在文件中单独占一行。请填空。

```
#include<stdio.h>
#include<string.h>
int main(void){
    int n,i,j;
    char str[81];
    FILE *fp;
    if((fp = fopen("string.txt","w")) == NULL){
        printf("cannot open file string.txt");
        exit(0);
    }
    printf("请输入欲输入字符串的个数:");
    scanf("%d",&n);
    for(i = 0;i<n;i++){
        scanf("%s",str);
        for(j = 0; j<    (1)    ; j++)               //填空
            if(*(str+j)<'0'||*(str+j)>'9')
        fputc(*(str+j),fp);
        fputc(    (2)    );                           //填空
    }
    fclose(fp);
    return 0;
}
```

【7.16】下面程序的功能是求题【7.14】中创建的文件 integer.txt 中的最大数。请填空。

```
#include<stdio.h>
int main(void){
```

```
    int n,max;
    FILE *fp;
    if((fp = fopen("integer.txt","r")) == NULL){
        printf("cannot open file integer.txt");
        exit(0);
    }
(            (1)            );        //填空
    max = n;
    while(      (2)      ) {          //填空
        fscanf(fp,"%d\n",&n);
        if(n>max)
            max = n;
    }
    printf("max = %d",max);
    fclose(fp);
    return 0;
}
```

7.3　习题参考答案与解析

7.3.1　选择题

题号　【7.1】～【7.10】
答案　C A D B D B A A D B

7.3.2　阅读程序

【7.11】将文本文件 f 的所有奇数行复制到文件 g 中。
【7.12】统计在当前目录下的文件 file1.txt 中数字字符出现的次数。
【7.13】abcd,efg
　　　,1234,5678,9
　　　,hijk,hijk,

7.3.3　填空题

【7.14】(1) "integer.txt","w"　　　　(2) fp,"%d\n",x
【7.15】(1) strlen (str)　　　　(2) '\n',fp
【7.16】(1) fscanf(fp,"%d\n",&n);　　　(2) !feof(fp)

问题求解实践篇

第8章 程序开发调试环境

8.1 Windows 上运行 C 语言

8.1.1 DevC++简介

DevC++是一个免费的 C++集成开发环境,可在 Windows 平台上使用。它提供了一个易于使用的界面,用于编写和调试 C++代码。DevC++包含一个内置的编译器,可以编译和运行 C++代码,而不需要任何额外的软件。此外,DevC++还提供了许多有用的功能,如代码自动完成、调试器、代码着色等。这些功能使得编写 C++代码更加容易和高效。

Dev-C++使用 MingW64/TDM-GCC 编译器,遵循 C++ 11 标准,同时兼容 C++98 标准。开发环境包括多页面窗口、工程编辑器以及调试器等,在工程编辑器中集合了编辑器、编译器、连接程序和执行程序,提供高亮度语法显示,以减少编辑错误。它还有完善的调试功能,适合在教学中供 C/C++语言初学者使用,也适合非商业级普通开发者使用。

8.1.2 C 语言程序开发步骤

C 程序的编写调试通常包括 4 个步骤:编辑、编译、链接和运行,如图 8-1 所示。

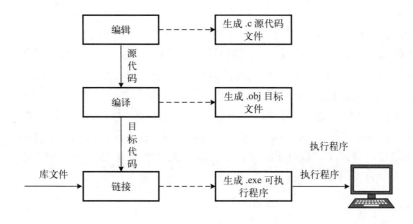

图 8-1 C 程序的编写过程

1. 编辑

程序的编辑过程就是代码的书写过程，用于实现计算机执行编程者期望的任务。理论上可以使用各种各样的文本编辑器来书写代码，例如：记事本、写字板、Vim、Word、WPS 等文本编辑软件，但为了更好地提高书写代码的效率，建议使用集成开发工具与环境，例如：TurboC、Dev-C++、Code::Blocks、MicrosoftVisualStudio 等。

下面以 Dev-C++开发工具为例，介绍 C 程序编程过程。

选择"File"→"New"→"SourceFile"可以新建一个源代码文件。编辑源代码后，选择"File"→"Save"菜单或单击"Save"按钮，在随后弹出的窗口中设置"文件名"，并选择"保存类型"为"Csourcefiles（*.c）"就可以完成源代码文件的创建、编辑与保存，如图 8-2 所示。后缀为".c"的文件是 C 语言的通用后缀名。

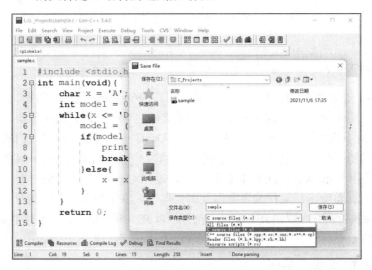

图 8-2　编辑并保存源程序

2. 编译

由于计算机只能识别机器语言的二进制指令，为了使计算机进行工作，需要将设计好的程序转换为机器语言，计算机才能够按照设计人员的指令来工作，这种转换工作需要由一个被称为编译器的程序来完成。编译器将源代码文件作为输入，经过编译后生成一个磁盘文件，该文件包含了与源码文件语句所对应的二进制机器指令。编译器生成的机器语言指令被称为目标代码，而包含目标代码的磁盘文件被称为目标文件，通常使用".obj"作为文件的扩展名。

如图 8-3 所示，选择"Execute"→"Compile"菜单即可对源代码进行编译。

若编译通过，将弹出"CompileProgress"窗口显示相关信息；若编译失败，也将高亮显示有警告或错误的代码行等信息。

3. 链接

由于在进行程序设计时，往往需要使用编译器所提供的通用代码或程序，而这些通用代码或程序通常是存在于库文件中的，因此链接的作用就是把编译后所得到的目标文件与相应

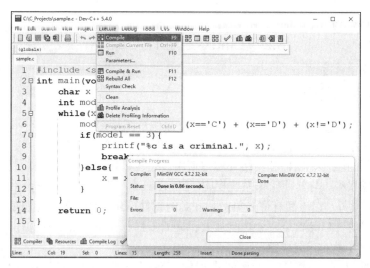

图 8-3　编译源程序

的库文件中的代码连结起来，最终生成一个可以被计算机执行的完整的二进制文件，这个文件也被称为可执行程序。在 Windows 操作系统中，可执行程序文件的扩展名为 ".exe"。大多数开发环境都提供了一个选项，可以设置编译和链接是分步进行还是一步完成。

4. 运　行

经过编译和链接并生成可执行文件后，便可双击程序图标进行运行。选择 "Execute" → "Run" 菜单运行程序，程序运行后将弹出命令行界面窗口显示运行结果，如图 8-4 所示。

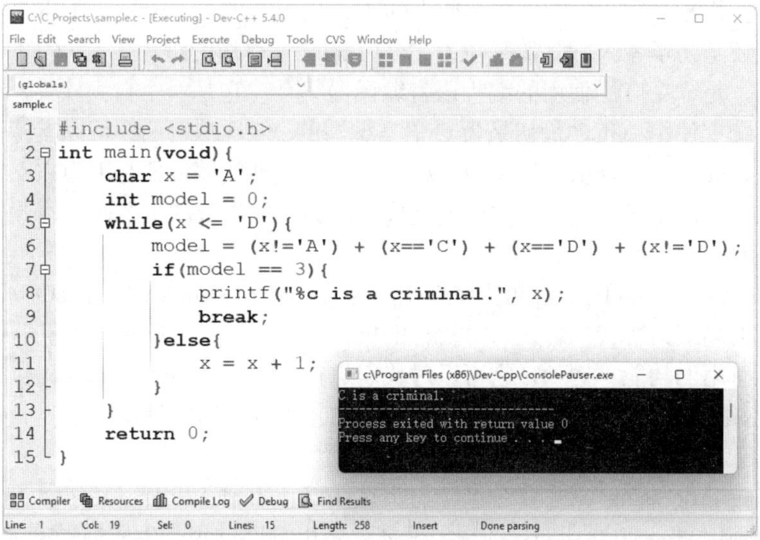

图 8-4　运行可执行程序

在运行程序时，应注意观察运行方式和运行结果是否与设计目标相符。如果运行结果与期望结果不一致，则应重新审查代码或者算法的正确性。对于初学者，不仅要解决语言语法运用问题，还要注意算法思维是否存在逻辑问题。

8.2 Linux 上运行 C 语言

8.2.1 Linux 系统简介

Linux 是一种自由和开放源代码的类 UNIX 操作系统。它由 Linus Torvalds 在 1991 年创建，已经发展成为一个庞大的开源社区项目。Linux 操作系统具有高度的可定制性和灵活性，可以在各种不同的硬件、软件和网络环境中使用。它也被广泛用于服务器、移动设备、超级计算机等各种场景中。与其他操作系统相比，Linux 具有许多优点，如安全性高、稳定性好、可扩展性强等。此外，它还拥有许多免费和开源的软件应用程序，包括开发工具、办公套件、多媒体应用程序等。Linux 是一个功能强大、灵活多样、免费和开放的操作系统，是许多开发人员和技术爱好者的首选系统。

市面上常见的 Linux 都是发行版本，典型的 Linux 发行版包含了 Linux 内核、桌面环境(例如 GNOME、KDE、Unity 等)和各种常用的必备工具(例如 Shell、GCC、VIM、Firefox 等)，国内使用较多的是 CentOS、Ubuntu(乌班图)、Debian、Redhat 等。Linux 主要应用于各种服务器(例如网站服务器、数据库服务器、DNS 服务器、邮件服务器、路由器、负载均衡集群等)，而不是我们常见的个人计算机。Linux 是服务器操作系统的绝对霸主，占据了 80%以上的份额，在未来的服务器领域，使用 Linux 是大势所趋。这其中，又以 CentOS 和 Ubuntu 为主，本章以 Ubuntu 为例来讲述如何编译运行 C 语言程序。

8.2.2 Linux 中 GCC 的使用

Linux 下使用最广泛的 C/C++编译器是 GCC，大多数的 Linux 发行版本都默认安装，不管是开发人员还是初学者，一般都将 GCC 作为 Linux 下首选的编译工具。GCC 是 GNU 编译器套件的缩写，是一个广泛使用的编程语言编译器集合。它是一个自由软件，可以在 Linux 和其他操作系统上使用。GCC 最初是为 C 语言编写的，但现在它已经可以支持许多其他编程语言，如 C++、Java、Objective-C 等。GCC 是非常受欢迎的编译器，因为它支持多种编程语言，并且可以生成高质量的代码。它的速度快，能够生成高效的机器码，因此被广泛用于各种计算机系统和平台。

GCC 也支持许多不同的平台和操作系统，包括 Linux、Windows、macOS 等。GCC 可以将程序员编写的高级语言代码转化为可执行的机器码。除了将代码转化为机器码之外，GCC 还提供了许多有用的功能。例如，它可以对代码进行优化，使得生成的代码执行效率更高。此外，GCC 还提供了调试选项，使得程序员在调试代码时更加容易。

GCC 编译程序主要经过 4 个过程，如图 8-5 所示。

预处理(Pre-Processing)：主要对包含的头文件(#include)和宏定义(#define,#ifdef…)进行处理。可以使用"gcc-E"让 gcc 在预处理之后停止编译过程，生成*.i 文件。

编译(Compiling)：gcc 首先要检查代码的规范性，是否有语法错误等，以确定代码实际要做的工作，在检查无误后，gcc 把代码翻译成汇编语言。用户可以使用-S 选项进行查看，该选项只进行编译而不进行汇编，不生成汇编代码。

汇编(Assembling)：生成目标代码*.o 有两种方式，其一是使用 gcc 直接从源代码生成目标代码 gcc-c*.s-o*.o，其二是使用汇编器从汇编代码生成目标代码 as*.s-o*.o。

链接(Linking)：链接阶段生成可执行文件，可以生成的可执行文件格式有 a.out/*/，当然可能还有其他格式。

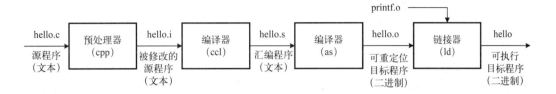

图 8-5 使用 GCC 编译运行 C 语言的流程

1. 编写源文件

本节以下面的 C 语言代码为例，演示如何编译和运行一段 C 语言代码。首先打开文本编辑器，在文本编辑器中撰写源程序，并另存为 main.c 文件，如图 8-6 所示。

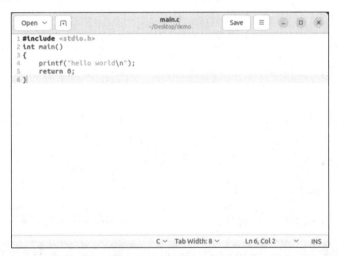

图 8-6 Linux 编写 C 语言源码

2. 生成可执行程序

最简单的生成可执行文件的写法为：

```
$cd demo              #进入源文件所在的目录
$gcc main.c           #在 gcc 命令后面紧跟源文件名
```

执行命令界面如图 8-7 所示。

图 8-7 执行 gcc 命令生成可执行程序

这时在 demo 目录中，会看到多了一个名为 a.out 的文件，这就是最终生成的可执行文件。这样就一次性完成了编译和链接的全部过程，如图 8-8 所示。

图 8-8　生成 a.out 文件

与 Windows 不同，Linux 不以文件后缀来区分可执行文件，Linux 下的可执行文件后缀理论上可以是任意的，这里的.out 只是用来表明它是 GCC 的输出文件。不管源文件的名字是什么，GCC 生成的可执行文件的默认名字始终是 a.out。

3．运行可执行程序

要想运行上面生成的可执行程序，在控制台中通过./的命令即可，如图 8-9 所示。

图 8-9　运行 a.out 文件查看结果

Linux 会在当前目录下查找 a.out 文件，而该目录下不存在这个程序，则会运行失败。下面是完整地运行一个在 Linux 系统下执行 C 语言程序的流程：

```
$ cd demo              #进入源文件所在目录
$ touch main.c         #新建空白的源文件
$ gedit main.c         #编辑源文件
$ gcc main.c           #生成可执行程序
$ ./a.out              #运行可执行程序
```

完整的命令执行流程如图 8-10 所示。

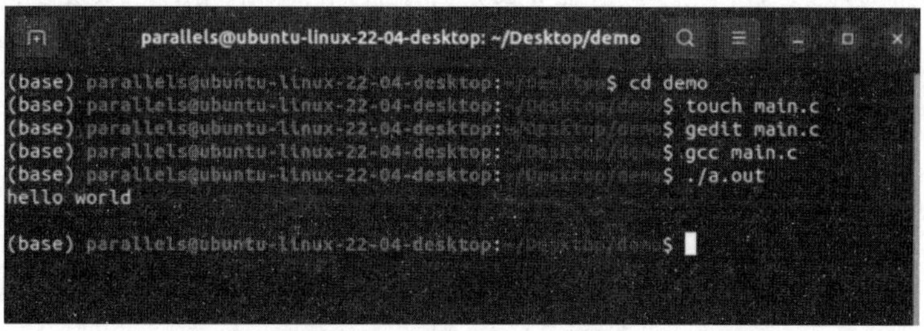

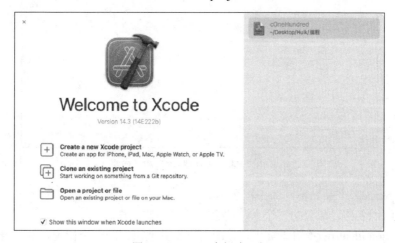

图 8-10　Linux 系统中运行 C 语言的常用命令

8.3　MacOS 上运行 C 语言

8.3.1　Xcode 简介

在 MacOSX 下学习 C 语言使用 Xcode。Xcode 是苹果公司开发的一款集成开发环境（IDE），主要用于开发 macOS、iOS、watchOS 和 tvOS 等操作系统下的应用程序。Xcode 的集成开发环境包含编译器、调试器、代码编辑器、版本管理等多种开发工具，可以帮助开发者更加高效地进行软件开发。

Xcode 是一款功能强大的开发工具，可以帮助开发者更加高效地进行软件开发。在 Xcode 创建项目后，可以在编辑器中编写 C 语言代码，并使用 Xcode 提供的调试器进行代码调试和测试。此外，还可以使用 Xcode 的代码自动补全、语法高亮、代码重构等功能来提高开发效率。Xcode 最初使用 GCC 作为编译器，后来由于 GCC 与之不配合，改用 LLVM/Clang。

Xcode 的安装非常简单，在 APPStore 上直接下载即可。

8.3.2　在 Xcode 上运行 C 语言程序

在 Xcode 上运行 C 语言程序需要先创建工程，再在工程中添加源代码。

（1）打开 Xcode，选择"Create a new Xcode project"创建一个新工程，如图 8-11 所示。

图 8-11　Xcode 中新建工程

（2）选择要创建的工程类型。选择"OSX"→"Application"→"Command Line Tool"，单击"Next"按钮。Command Line Tool 是"命令行工具"的意思，也就是控制台程序，如图 8-12 所示。

图 8-12　Xcode 中新建 Command Line Tool 项目

（3）在"Choose options for your new project"界面中，需要填写和工程相关的一些信息，如图 8-13 所示。

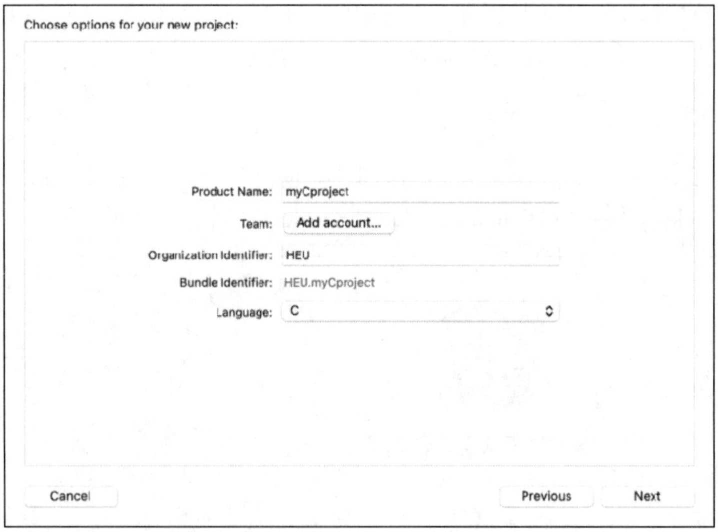

图 8-13　Xcode 中填写项目相关信息

Product Name：产品名称，即工程名称。

Team：组织名称，即公司、个人、协会、团队等的名称。

Organization Identifier：组织标识符，即有别于其他组织的一个标记，例如身份证号、公司网址、组织机构代码证等。

Bundle Identifier：程序标识符，即有别于其他程序的一个标记，由 Organization Identifier+Product Name 组成。

Language：工程所用的编程语言，这里选择 C 语言。

（4）点击"Next"按钮，保存文件后即可进入当前工程。左侧是工程目录，主要包含工程所用到的文件和资源。单击"main"，即可进入代码编辑模式，这里 Xcode 已经为我们创建好了一个"Hello World！"小程序。单击上方的"运行"按钮，即可在右下角的选项卡中看到输出结果，如图 8-14 所示。

图 8-14　Xcode 中运行"Hello World！"小程序

选择合适的程序开发和运行环境 IDE 可以帮助开发者更加高效、准确地进行开发工作，提高开发效率和质量。读者可以根据自己的开发需求、开发习惯，选择适合自己的开发工具。

第 9 章　程序设计实践

9.1　计算机信息表示实验

9.1.1　实验目的

1. 掌握二进制四则运算规则
2. 掌握二进制位运算规则
3. 掌握进位制及其相互转换
4. 掌握数值型信息表示方法
5. 掌握非数值型信息表示方法

9.1.2　验证型实验

实验 9-1：请对两个二进制数 10 和 110 分别进行加法、减法、乘法和除法运算。然后运行下面的程序，以验证你的计算结果。

```
#include <stdio.h>
int main(void){
    int a = 0b10,b = 0b110; //C 标准没有定义 0b 前缀，在 GNU C 编译器中可
                              通过编译
    printf("%d\n",a+b);
    printf("%d\n",a-b);
    printf("%d\n",a*b);
    printf("%d\n",a/b);      //在 C 中两个整数的除法结果采用下取整，即抛弃小数
    return 0;
}
```

实验 9-2：利用位与运算判断奇偶数。请运行下面的程序，分别从键盘输入任意一个奇数或偶数，观察运行结果。

```
#include <stdio.h>
int main(void){
    int n;
    scanf("%d",&n);
    if((n&1) == 0)
        printf("n 为偶数");
    else
        printf("n 为奇数");
    return 0;
}
```

实验 9-3：利用按位取反和移位运算求整数的相反数及绝对值。请运行下面的程序，从键盘任意输入两个整数，观察运行结果。

```c
#include <stdio.h>
int main(void){
    int a,b;
    scanf("%d%d",&a,&b);
    a = ~a+1;                     //求 a 的相反数
    b = (b>>31) == 0?b:~b+1;      //求 b 的绝对值
    printf("\na = %d",a);
    printf("\nb = %d",b);
    return 0;
}
```

实验 9-4：利用位运算从低位到高位提取整数 n 的第 m(1≤m≤32)位。请运行下面的程序，从键盘输入 n 和 m 值，观察运行结果。

```c
#include <stdio.h>
int main(void){
    int n,m,bit;                  //n 为一个整数，m 表示第几位，bit 为第 m 位数符
    scanf("%d,%d",&n,&m);         //输入示例：100,3
    bit = (n>>(m-1))&1;           //取 n 的第 m 位
    printf("第%d 位为：%d",m,bit);
    return 0;
}
```

实验 9-5：利用位运算从低位到高位将 n 的第 m(1≤m≤32)位置为 1。请运行下面的程序，从键盘输入 n 和 m 值，观察运行结果。请分析思考表达式 "n|(1<<(m–1))" 的执行过程。最后，简单修改代码并重新编译运行，实现从低位到高位将 n 的第 m 位置为 0。

```c
#include <stdio.h>
int main(void){
    int n,m;
    scanf("%d,%d",&n,&m);
    n = n|(1<<(m-1));             //从低位到高位将 n 的第 m 位置为 1
    //n = n&~(1<<(m-1));          //从低位到高位将 n 的第 m 位置为 0
    printf("%d",n);
    return 0;
}
```

实验 9-6：利用位运算实现简易四则计算器。请运行下面的程序，输入两个实数和一个运算符(加减乘除+–*/)，观察输出结果。样例输入：30.288*2.62，样例输出：79.35。

```c
#include <stdio.h>
#include <math.h>
int main(void){
    float calculate(float a,char op,float b);
    float a,b;
    char op;
```

```
        scanf("%f%c%f",&a,&op,&b);              //样例输入：30.288*2.62
        printf("%.2f",calculate(a,op,b));       //样例输出：79.35
        return 0;
}
float calculate(float a,char op,float b){
        //巧妙利用位运算进行求解。如果使用选择结构对算符进行判断，则极为简单
        //思路奇妙！乐在其中！回味无穷！
        int abs(int n);
        float res;
        op = 44-op+op/46;       //定义为字符型的加减乘除(+、-、*、/)这4种算符也可参与
运算
        int x = (op&1)*(1-abs(op))+((1-(op&1))*op>>1);
        int y = (op&1)*(1-abs(op))+((1-(op&1))*op>>1);
        int u = (op&1)*(1-abs(op))+((1-(op&1))*op>>1)+op;
        int v = (op&1);
        res = a*pow(b,x)+pow(a,y)*b*u*v;
        return res;
}
```

实验 9-7：假设发送方所发送的原始数据为 "001101011010"，若采用偶校验，请计算校验位。运行下面的程序，输入仅由 0 和 1 组成数字串，观察屏幕输出，以验证你的计算结果。

```
#include <stdio.h>
int main(void){
    int parityBit1(char *arr);
    int parityBit2(char *arr);
    char str[31];
    scanf("%s",str);
    int checkBit = parityBit1(str);
    //int checkBit = parityBit2(str);
    printf("偶校验位应为：%d",checkBit);
    return 0;
}
//函数功能：求偶校验位方法一
int parityBit1(char *arr){
    char *p = arr;
    int checkBit = 0;               //保存字串中所有二进制位按位异或的结果
    while(*p! = '\0'){
        checkBit^ = *p-'0';         //求按位异或和
        p++;
    }
    return checkBit;
}
//函数功能：求偶校验位方法二
int parityBit2(char *arr){
    char *p = arr;
    int nums = 0;                   //保存字串中包含1的个数
```

```
    while(*p! = '\0'){
        if(*p == '1'){
            nums++;                    //统计 1 的个数
        }
        p++;
    }
    nums% = 2;                         //若 nums 为偶数，结果为 0；若为奇数，结果为 1
    return nums;
}
```

实验 9-8：计算+103 和−103 的原码、反码和补码。请运行下面的程序，从键盘输入一个整数，观察屏幕输出，以验证你的计算结果。

```
#include <stdio.h>
#include <limits.h>
char * toBinStr(char *buffer,int value);
char * originalCode(char *buffer,int n);
char * inverseCode(char *buffer,int n);
char * complementCode(char *buffer,int n);
//主函数
int main(void){
    char buffer[33];
    int n;
    scanf("%d",&n);
    printf("\n 原码：%s",originalCode(buffer,n));
    printf("\n 反码：%s",inverseCode(buffer,n));
    printf("\n 补码：%s",complementCode(buffer,n));
    return 0;
}
char * toBinStr(char *buffer,int value){
    int i;
    for(i = sizeof(int)*8-1;i>-1;i--){
        buffer[31-i] = ((value>>i)&1)+'0';
    }
    buffer[sizeof(int)*8] = '\0';
    return buffer;
}
//函数功能：求原码
char * originalCode(char *buffer,int n){
    if (n> = 0){
        return toBinStr(buffer,n);
    }else{
        if(n == INT_MIN){
            return toBinStr(buffer,n);
        }else{
            return toBinStr(buffer,~n+1|INT_MIN);
        }
```

```
        }
    }
    //函数功能：求反码
    char * inverseCode(char *buffer,int n){
        if (n> = 0){
            return toBinStr(buffer,n);
        }else{
            if(n == INT_MIN){
                return toBinStr(buffer,~n);
            }else{
                return toBinStr(buffer,n-1);
            }
        }
    }
    //函数功能：求补码
    char * complementCode(char *buffer,int n){
        return toBinStr(buffer,n);
    }
```

实验 9-9：请将八进制数 237 输出显示为十进制和十六进制，将十六进制数 AF19 输出显示为十进制和八进制数。然后运行下面的程序，从键盘输入上述两个数据，以验证你的计算结果。

```
    #include <stdio.h>
    int main(void){
        unsigned int i,j;
        scanf("%o%x",&i,&j);        //输入八进制和十六进制无符号整数，分别赋给 i 和 j
        printf("\n%d,%X",i,i);
        printf("\n%d,%o",j,j);
        return 0;
    }
```

实验 9-10：请将十进制整数 116 分别输出显示为八进制和十六进制形式。然后运行下面的程序，从键盘输入该整数，观察运行结果，以验证你的计算结果。

```
    #include <stdio.h>
    int main(void){
        int i;
        scanf("%d",&i);
        if(i<0){
            i = -i;
            printf("八进制: -%o, 十六进制: -%X",i,i);
        }else{
            printf("八进制: %o, 十六进制: %X",i,i);
        }
        return 0;
    }
```

实验 9-11：字符转 ASCII 码。请运行下面的程序，从键盘输入一个有效的 ASCII 码字符后按回车键，将向显示器输出显示该字符所对应的 ASCII 码值。

```c
#include <stdio.h>
int main(void){
    char c;
    printf("输入一个字符: ");
    scanf("%c",&c);
    printf("\n%c 所对应的 ASCII 码为: %d",c,c);
    return 0;
}
```

实验 9-12：ASCII 码转字符。请运行下面的程序，从键盘输入一个有效的 ASCII 码值后按回车键，将向显示器输出显示该 ASCII 码值所对应的字符。

```c
#include <stdio.h>
int main(void){
    int i;
    printf("\n 请输入一个标准 ASCII 码值: ");
    scanf("%d",&i);
    if(i<0 || i>127){
        printf("\n 输入的不是一个有效的 ASCII 码值\n");
    }else{
        if(i> = 0 && i< = 31){
            printf("\n 所对应的字符不可显示或打印\n");
        }else{
            printf("\n%d 所对应的字符为%c\n",i,i);
        }
    }
    return 0;
}
```

实验 9-13：输入输出汉字。请运行下面的程序，从键盘最多输入不超过 50 个汉字，请观察输出结果。

```c
#include <stdio.h>
#define MAXSIZE 101
int main(void){
    char ch[MAXSIZE];
    scanf("%s",ch);
    int flag = 1;
    for(int i = 0;i< = MAXSIZE;i+ = 2){
        if(ch[i] == '\0'){
            break;
        }else{
            printf("第%d 个汉字是: %c%c\n",flag,ch[i],ch[i+1]);
            flag++;
        }
```

```
    }
    return 0;
}
```

实验 9-14：输出汉字编码。请运行下面的程序，从键盘最多输入不超过 50 个汉字，将输出每个汉字的机内码、国标码和区位码。

```
#include <stdio.h>
int main(void){
    unsigned char str[101];
    /*str 数组最多存储 50 个汉字，每个汉字占 2 字节，
    即：str[i]存储高 8 位，str[i+1]存储低 8 位*/
    scanf("%s",str);        //从键盘获取输入，以空格或回车作为输入结束标志
    int i = 0;              //循环控制变量
    int nums = 0;           //汉字个数统计变量
    while(str[i]! = '\0'){
        nums++;             //汉字个数自增 1
        printf("第%d 个汉字是：%c%c\t\t",nums,str[i],str[i+1]);
        //以十六进制输出机内码
        printf("机内码为：%X%XH\t\t",str[i],str[i+1]);
        //以十六进制输出国标码
        printf("国标码为：%X%XH\t\t",str[i]-0X80,str[i+1]-0X80);
        //以十进制输出区位码
        printf("区位码为：%X%XD\n",str[i]-0XA0,str[i+1]-0XA0);
        i+ = 2;             //一个汉字占 2 字节，i 递增步长应为 2
    }
    return 0;
}
```

实验 9-15：请运行下面的程序，从键盘输入区码和位码，将输出所对应的汉字，例如：输入"16,01"（英文逗号），将输出汉字"啊"。将主函数中第 7 行代码的注释符"//"去掉，重新编译并运行后，还将输出所有的汉字。

```
#include <stdio.h>
int main(void){
    void print_all( );
    unsigned int row,column;    //区码，位码
    scanf("%d,%d",&row,&column);
    printf("%c%c\n\n",row+0xA0,column+0xA0);
    //print_all( );
}
//函数功能：仅输出所有汉字，不包括其他字符
void print_all( ){
    int count = 0;                  //存储汉字个数
    int i;                          //区码
    int j;                          //位码
    for(int i = 0xB0;i< = 0xF7;i++){
        for(int j = 0xA1;j< = 0xFE;j++){
```

```
            if(count%50 == 0){          //  行输出 50 个汉字后换行
                printf("\n%c%c",i,j);    //一个汉字占 2 字节
            }else{
                printf("%c%c",i,j);
            }
            count++;                      //统计汉字个数
        }
    }
    printf("\n汉字总数为：%d",count);
}
```

9.2　简单 C 程序设计实验

9.2.1　实验目的

1．了解 C 语言数据类型，熟悉整型、字符型、实型等类型的变量定义及赋值方法。
2．熟悉算术运算、自加自减运算、赋值运算等运算符及其表达式的使用。
3．掌握基本输入输出方法，正确使用格式符。
4．熟悉并使用 scanf、printf 函数进行输入输出。
5．了解文件包含的初步概念，学会使用标准函数。

9.2.2　验证型实验

实验 9-16：给变量赋初值，进行整型与实型数据的混合运算，运行程序，并分析结果。
新建一个源文件窗口，输入下面的程序：

```
#include <stdio.h>
int main(void){
    int a,b;                       //定义各变量
    char x,y;
    float num,u;
    a = b = 100;                   //给各变量赋值
    x = y = 'A';
    num = u = 3.6792;
    a = y;                         //进行混合运算
    x = b;
    num = b;
    a = a+u;
    printf("a = %d,x = %c,num = %f,a = %d",a,x,num,a);  //输出执行结果
}
```

结果为"a = 68,x = d,num = 100.000000,a = 68"。请先分析程序，推导出输出结果。
程序说明：第 3 行定义 2 个整型变量 a，b。第 4 行定义 2 个字符型变量 x，y。第 5 行定义 2 个实型变量 num，u。第 6 行为整型变量赋整型常量 100。第 7 行为字符型变量赋字符常量'A'。第 8 行为实型变量赋实型常量 3.6792。第 9 行用字符型变量 y 为整型变量 a 赋值，

此时系统进行数据类型转换，将 1 字节的字符'A'的 ASCII 值转换成 2 字节的整数 65，然后赋值给变量 a。第 10 行用整型变量 b 为字符型变量 x 赋值，此时系统进行数据类型转换，将 2 字节的整型常数 100 的低字节的值 100 作为 ASCII 值（对应字母'd'）赋值给变量 x。第 11 行用整型变量 b 为实型变量 num 赋值，此时系统进行数据类型转换，将 2 字节的整型常数 100 转换成实型常量 100.000000，然后赋值给变量 num。第 12 行用表达式 a+u 的值为整型变量 a 赋值，系统先计算 65+3.6792，结果为 68.6792，再转换成整型 68 赋给整型变量 a。

修改程序的倒数第 2 行为："printf("a = %c,x = %d,num = %d,a = %f",a,x,num,a);"。按 Ctrl+F9 组合键运行程序，这时弹出结果为 "a = D,x = 100,num = 0,a = 0.000000"。请先分析程序，推导出输出结果。再将推导结果与实际运行结果作对比，对推导过程进行验证，并与前次运行结果做对比。

程序说明：修改程序后各变量的值没有变，改变的仅仅是数据的输出格式。由于字符型量在存储时，存储的是整数形式的 ASCII 值，所以 C 规定整型与字符型是通用的。因此将值为 68 的整型变量 a 以 c 格式输出时，输出的是 ASCII 值 68 对应的字符'D'；将值为'd'的字符型变量 x 以 d 格式输出时，输出的是字符'd'对应的 ASCII 值 100。C 没有规定整型数据与实型数据输出时的转换关系。所以将 4 字节的实型量 num 作为 2 字节的整型量输出时或者将 2 字节的整型量 a 作为 4 字节的实型量输出时系统给出的数据都是不准确的。

由于上述原因，在写输出语句时一定要准确使用输出格式。

实验 9-17：设 a 的值为 12，计算 3 个复合赋值表达式 a += a, a /= a+a, a += a -= a *= a 的值。

参考程序如下：

```
1 #include <stdio.h>
2 int main(void)
3 {
4   int a = 12,a1,a2,a3;
5   a1 = (a+ = a);
6   a = 12;
7   a2 = (a/ = a+a);
8   a = 12;
9   a3 = (a+ = a- = a* = a);
10  printf("%d %d %d ",a1,a2,a3);
11 }
```

运行程序，分析运行结果。请回答下面问题：
(1)执行完第 5 行后，变量 a 的值是多少？
(2)执行完第 7 行后，变量 a 的值是多少？
(3)执行完第 9 行后，变量 a 的值是多少？
(4)第 6 行和第 8 行的语句(a = 12;)的作用是什么？
(5)删除第 6 行和第 8 行的语句，运行结果又如何？

实验 9-18：理解自加自减运算。
参考程序如下：

```
1 #include <stdio.h>
```

```
2   int main(void)
3   {
4     int i,j,m,n;
5     i = 8;j = 10;
6     m = i++;n = j++;
7     printf("%d,%d,%d,%d",i,j,m,n);
8   }
```

运行程序，分析运行结果。请回答下面问题：

(1) 将第 6 行的 "j++" 改为 "++j" 对运行结果是否有影响？新的运行结果是什么？

(2) 将第 6 行改为 "m = i;n = j;i++;j++;" 后运行。分析运行结果与初次结果的异同。

(3) 将第 6 行改为 "i++;j++;m = i;n = j;" 后运行。分析运行结果与初次结果的异同。

(4) 将第 6 行改为 "m = i;n = j;++i;++j;" 后运行。分析运行结果与初次结果的异同。

(5) 再提 2 种方案对第 6 行作修改，使其与初始程序等价。

(6) 对自加自减运算进行归纳和总结。

实验 9-19：理解 "整型与字符型通用" 这句话的含义。

参考程序如下：

```
#include <stdio.h>
int main(void){
    int c1,c2;
    char i1,i2;
    c1 = 65;
    c2 = 97;
    i1 = 'A';
    i2 = 'a';
    printf("%c %c\n",c1,c2);
    printf("%d %d\n",i1,i2);
}
```

请分析运行结果，并实际运行程序进行验证。

实验 9-20：理解 printf 函数的使用。程序的功能是输入一个十进制数，输出该数和对应的十六进制数和八进制数。运行时输入 32767。

参考程序如下：

```
#include <stdio.h>
int main( ){
    int a;
    printf("请输入一个整数: ");
    scanf("%d",&a);
    printf("十进制%d的十六进制是：%x,八进制是：%o\n",a,a,a);
}
```

注意事项：

(1) 注意第 5 行语句中变量 a 之前的取地址运算符 "&" 一定不要漏掉，因为 scanf 函数要求传送变量的地址。

(2)手工计算 32767 的十六进制数和八进制数，并与运行结果作对比。

实验 9-21：练习使用数学函数。已知表示双精度数的变量 pi = 3.14159265，编写求 pi 的平方根、-pi 的绝对值和 pi 的正弦函数值的程序。

提示：使用数学函数时，要包含头文件 math.h；平方根函数为 sqrt，绝对值函数为 fabs，正弦函数为 sin，余弦函数为 cos。

参考程序如下：

```
#include <stdio.h>
#include <math.h>
int main(void){
    double pi = 3.1415926;
    printf("平方根 = %f\n",sqrt(pi));          //用%f 格式输出双精度数
    printf("负 π 的绝对值 = %f\n",fabs(-pi));
    printf("正弦值 = %f\n",sin(pi));
    printf("余弦值 = %f\n",cos(pi));
}
```

实验 9-22：运行下述程序，分析带符号整数与无符号整数的关系。

```
#include <stdio.h>
int main(void){
    short int a = 100;
    unsigned short int c;
    int d = -1,b = -3;
    c = d+b;
    a = b;
    printf("%d %u\n",a,c);
}
```

注意：C 语言中带符号整数用补码表示，无符号整数直接用二进制数表示。

实验 9-23：运行下述程序，理解 scanf 函数是如何接收输入数据的。

```
#include <stdio.h>
int main(void){
    int a,b; float x,y;
    printf("请输入两个整数:");
    scanf("a = %db = %d",&a,&b);
    printf("请输入两个实数:");
    scanf("%f,%f",&x,&y);
    printf("a = %db = %d\n",a,b);
    printf("x = %fy = %f\n",x,y);
}
```

注意：

(1)数据是在对源程序编译、链接后，运行时从键盘输入的，而不是在编辑源程序时输入的。

(2)注意输入时数据的格式。

(3)应如何输入 x,y，才能得到正确结果？

(4)将第 1 个 scanf 语句中的 "&a,&b" 改为 "a,b"，再编译运行程序，分析结果不正确原因。

实验 9-24：编辑运行含字符型变量和字符函数的程序，理解字符型数据的输入，字符函数及转义字符的用法。用两种不同的方法输入字符。

参考程序如下：

```c
#include <stdio.h>
int main(void){
    char c1,c2;
    printf("请输入两个字符: \n");
    scanf("%c",&c1);                    //输入第 1 个字符
    c2 = getchar( );                    //输入第 2 个字符
    putchar(c1);
    putchar(c2);
    printf("\n\n 输出字符: \'%c\' \'%c\'\n",c1,c2);
}
```

请回答：

(1)最后一个语句中用了几个转义字符，各有什么作用？

(2)若将字符 K 和字符 L 分别赋给 c1 和 c2，从键盘输入 KL↵(↵表示回车)、K↵L↵或者 K L↵，哪些输入方法不正确，为什么？

9.2.3 设计型实验

实验 9-25：编写 C 程序，输出 "Hello World"。编辑完成后存盘、编译、链接、运行并查看结果。

实验 9-26：由键盘输入两个整数，分别计算这两个数的和、差、积、商，并输出结果。

【输入形式】所输入的两个整数用逗号分隔

【输出形式】输出 4 行数据，自上而下每行分别为两个数的和、差、积、商的结果

【样例输入】3, −5

【样例输出】

    a+b = −2
    a−b = 8
    a*b = −15
    a/b = 0

实验 9-27：从键盘输入 3 个整数，分别存入 x、y、z 三个整型变量中，计算并输出 3 个数的和及平均值。

【输入形式】从键盘输入 3 个整数，整数之间以空格隔开

【输出形式】在屏幕上分两行显示结果：

    第 1 行为 3 个数的和，整数形式输出

    第 2 行为 3 个数的平均值，浮点数形式输出，小数点后保留两位小数

【样例输入】3 ⊔ 2 ⊔ 3(⊔表示空格)

【样例输出】8
　　　　2.67

【样例说明】3、2、3 的和为 8，所以第 1 行输出 8；第 2 行输出 3、2、3 的平均值 2.67（保留两位小数）。

实验 9-28：输入圆锥底面半径 *r* 和高 *h*，求圆锥体积。计算公式：$v = 1/3 \times PI \times r \times r \times h$，其中 PI 代表圆周率，值为 3.1415927。

【输入形式】输入两个实数，分别为圆锥底面半径和高，输入数据之间用空格分隔

【输出形式】输出计算得到的圆锥体积，保留 3 位小数

【样例输入】1.5 ⊔ 2.85（⊔ 表示空格）

【样例输出】6.715

实验 9-29：输入 x 和 y，编程求下列表达式的值：sqrt(x+2y)−e^(3x)+|x|。说明：sqrt(x+2y) 为 x+2y 的平方根，|x| 为 x 的绝对值，e^(3x) 为 e 的 3x 次方。

【输入形式】从键盘输入 x、y 的值

【输出形式】表达式的值

【样例输入】1.5 ⊔ 2.8（⊔ 表示空格）

【样例输出】−85.852549

9.3　控制结构实验

9.3.1　实验目的

1. 学会正确使用逻辑运算符和逻辑表达式、关系运算符和关系表达式。
2. 熟练掌握 if 语句和 switch 语句。
3. 熟练掌握 3 种循环语句：while、do-while 和 for 的使用。
4. 掌握 break 和 continue 语句在循环中的控制作用。
5. 掌握利用控制结构求解一些常用算法的方法。

9.3.2　验证型实验

实验 9-30：由键盘输入 3 个数，判断能否构成三角形。运行程序，并分析结果。

```
#include<stdio.h>
int main( ){
    double a,b,c,t;
    printf("请输入 a 的值: ");
    scanf("%lf",&a);
    printf("请输入 b 的值: ");
    scanf("%lf",&b);
    printf("请输入 c 的值: ");
    scanf("%lf",&c);
    t = b-c;
    if(t<0)
        t = -t;
```

```
        if(b+c>a){
            if(t<a)
                printf("能构成三角形");
            else
                printf("不能构成三角形");
        }
        else
            printf("不能构成三角形");
    }
```

若输入 a = 7，b = 4，c = 9。请先分析程序，推导出输出结果。

实验 9-31：判断一个整数是否可以被 3 和 5 整除。

参考程序如下：

```
#include<stdio.h>
int main(void){
    int a;
    printf("Please enter a:\n");
    scanf("%d",&a);
    if (a%3 == 0){
        printf("a 可以被 3 整除:\n");
    }else{
        if (a%5 == 0){
            printf("a 可以被 5 整除:\n");
        }else{
            printf("a 不可以被 5 整除，也不可以被 3 整除:\n");
        }
    }
}
```

当输入 a = 21 时，运行程序，分析运行结果。

实验 9-32：输入两个正整数，求其最大公约数和最小公倍数。

参考程序如下：

```
#include<stdio.h>
int main( ){
    int p,r,n,m,t;
    printf("Please enter two positive integers n,m:");
    scanf("%d %d",&n,&m);
    if(n<m){
        t = n;
        n = m;
        m = t;
    }
    p = n*m;
    while(m! = 0){
        r = n%m;
        n = m;
```

```
        m = r;
    }
    printf("The greatest common divisor is:%d\n",n);
    printf("The least common multiple is:%d\n",p/n);
    return 0;
}
```

当输入 n = 5，m = 10 时，分析运行结果，并实际运行程序进行验证。

实验 9-33：输出 2 至 1000 之间所有同构数，所谓同构数是指它出现在它的平方数的右端。例如，5、6、25 的平方分别等于 25、36、625，所以 5、6 和 25 都是同构数。

参考程序如下：

```
#include<stdio.h>
int main( ){
    int x,y,k,s = 1;
    for(x = 2;x<1000;x++){
        y = x*x;
        if(x<10){ k = y%10;
        if(k == x){
            printf("%4d",x);
            s++;}
        }
        else if(x<100){ k = y%100;
        if(k == x){
            s++;
            printf("%4d",x);}
        }
        else if(x<1000){ k = y%1000;
        if(k == x){
            s++;
            printf("%4d",x);}
        }
        if(s%11 == 0) putchar('\n');
    }
    putchar('\n');
}
```

请运行程序并进行验证。

9.3.3 设计型实验

实验 9-34：由键盘输入两个整数，分别计算这两个数的和、差、积、商，并输出结果。

【输入形式】所输入的两个整数用逗号分隔

【输出形式】输出 4 行数据，自上而下每行分别为两个数的和、差、积、商的结果

【样例输入】3, −5

【样例输出】

a+b = −2

a−b = 8

a*b = −15

a/b = 0

实验 9-35：某种物品的每年折旧费的线性计算方法如下：每年折旧费 =（购买价格−废品价值)/产品设计寿命(年)。而折旧价值的计算方法如下：购买价格−每年折旧费*使用年限。

请编写一个程序，当输入物品的购买价格、废品价值、产品设计寿命和使用年限后，程序能计算出该物品的每年折旧费(结果保留两位小数)，以及在到达某使用年限时的折旧价值(即残余价值，结果保留两位小数)。

【输入形式】在一行内按顺序输入 4 个数据，分别为购买价格、废品价值、产品设计寿命和使用年限，每两个数据之间用逗号分隔

【输出形式】在一行内按顺序输出每年折旧费和残余价值，用逗号分隔

【样例输入】113.56, 20.81, 30, 7

【样例输出】3.09, 91.92

实验 9-36：要将"China"译成密码，译码规律是：用原来字母后面的第 4 个字母代替原来的字母。例如，字母 A 后面第 4 个字母是 E，E 代替 A，因此，"China"应译为"Glmre"。请编一程序，用赋初值的方法使 c1、c2、c3、c4、c5 五个变量的值分别为'C'、'h'、'i'、'n'、'a'，经过运算，使 c1、c2、c3、c4、c5 分别变成为'G'、'l'、'm'、'r'、'e'，并输出。

【输入形式】China

【输出形式】在第 1 行连续输出 5 个初始英文字母，在第 2 行连续输出 5 个英文字母密文

【样例输入】China

【样例输出】Glmre

实验 9-37：输入一个整数，如果输入的数是偶数或者负数，则输出其平方，否则输出其一半的值。

【输入形式】整型数据

【输出形式】整型数据

【样例输入】4

【样例输出】16

实验 9-38：使用 if 语句编程实现输入购货金额、输出实际付款金额。购货折扣率如下：

购货金额≤500 元   不打折

500 元<购货金额≤1000 元   9 折

1000 元<购货金额   8 折

【输入形式】一个浮点数

【输出形式】一个浮点数(保留小数点后两位)

【样例输入】500

【样例输出】500.00

实验 9-39：输入 8 个整数，求其中所有偶数的和。

【输入形式】输入 8 个整数，每两个整数之间均以空格分隔。

【输出形式】输出 1 个整数。

【样例输入】1 −2 2 3 5 8 10 4

【样例输出】22

9.4　函 数 实 验

9.4.1　实验目的

1. 理解函数的概念，掌握函数的定义及调用。
2. 掌握函数间数据传递的方法。
3. 掌握函数的嵌套调用。
4. 掌握函数的递归调用。
5. 掌握变量的作用域及存储类别。

9.4.2　验证型实验

实验 9-40：编辑创建下面源程序，回答问题：

(1) 该程序是否可以正常编译运行？

(2) 若不能正常编译运行，如何调试修改程序？

(3) 调试修改后的程序运行结果是什么？

```
#include <stdio.h>
int main(void){
    int a = 5,b = 8;
    swap(a,b);
    printf("a = %d,b = %d",a,b);
}
void swap(int x,int y){
    int temp;
    temp = x;x = y;y = temp;
}
```

(1) 不能，编译程序时出错，错误提示：swap was not declared in this scope。

(2) 这是因为 swap 函数定义在主调函数 main() 之后，并且其返回值类型为空类型，在主调函数中需要增加对 swap() 的函数声明。例如：

```
int main(void){
    void swap(int,int);
    int a = 5,b = 8;
    swap(a,b);
    printf("a = %d,b = %d",a,b);
}
```

(3) 程序运行结果为：a = 5,b = 8。

实参变量 a 和 b 的值没有交换，它们的值没有改变。在函数 swap() 被调用时，系统为形参变量 x 和 y 分配存储单元，形参变量 x 与实参变量 a、形参变量 y 与实参变量 b 分别占有不同的存储单元，swap() 函数执行时交换的是形参变量 x 和 y 的值，实参变量 a 和 b 的值没有变化，因此，C 函数的参数传递是"值传递"，形参变量的改变不影响实参变量。

实验 9-41：编写一个递归函数，计算一个整数的各位数字之和。例如，1234 的各位数字之和为 10。

递归函数编程要点：定义递归函数需要确定递归结束条件和递归公式这两个要素。本题目中，假设用 n 代表欲处理的整数，则递归结束条件为 $n<10$，递归公式为：

$$s(n)=\begin{cases}n, & n<10\\ s\left(\dfrac{n}{10}\right)+n\%10, & n\geqslant10\end{cases}$$

参考程序：

```c
#include <stdio.h>
int s(int n){
    if(n<10)
        return n;
    else
        return s(n/10) + n%10;
}
int main(void){
    int a;
    scanf("%d",&a);
    printf("%d",s(a));
}
```

实验 9-42：运行下面程序，解释分析程序运行结果。

```c
#include <stdio.h>
int a = 1,b = 0;
int f1(int x){
    int b = 2;
    x++;
    b+ = a++;
    return b;
}
int f2(int a){
    static int t = 1;
    t++;
    a+ = t;
    return a;
}
main( ){
    int c = 1,d = 1;
    a++;
    printf("%d,%d,%d,%d,%d,",a,c,d,f1(c),f2(d));
    a++;
    printf("%d,%d,%d,%d,%d",a,c,d,f1(c),f2(d));
}
```

程序运行结果：3, 1, 1, 4, 3, 5, 1, 1, 6, 4

该程序中定义了全局变量 a 和 b，并且分别初始化为 1 和 0。在函数 f1(int x) 中，定义了动态局部变量 b，当函数中定义的局部变量与全局变量同名时，局部变量屏蔽同名的全局变量的作用，局部变量起作用。函数 f1(int x) 中语句 "b+ = a++;" 和语句 "return b;" 访问的变量 b 是局部变量，而变量 a 是全局变量。在函数 f2(int a) 中，定义了形参变量 a，形参变量是局部变量，这样形参变量 a 屏蔽了全局变量 a 的作用，函数 f2(int a) 中的变量 a 是局部变量。函数 f2(int a) 定义的变量 t 是静态局部变量，无论函数被调用执行多少次，静态局部变量只被初始化一次，静态局部变量的初始化是在编译阶段完成的。静态局部变量值在函数每次被调用返回后都会被保存下来，在函数下一次被调用执行时，静态局部变量的值是上一次函数被调用返回时保存下来的值。在主函数中，定义了局部变量 c 和 d，变量 c 和 d 分别是函数调用 f1(c) 和 f2(d) 的实参变量，C 语言中函数的参数传递是 "值传递"，形参变量和实参变量占有不同的存储单元，形参变量值的变化不影响实参变量的值，所以，变量 c 和 d 的值没有变化。

9.4.3　设计型实验

实验 9-43：储蓄账户余额计算器。

假设每月在储蓄账户上存 100 元，年利率是 5%，则每月的利率是 0.05/12 = 0.00417。

第 1 个月后，账户上的值变成 100×(1+0.00417) = 100.417。

第 2 个月后，账户上的值变成 (100+100.417)×(1+0.00417) = 201.252。

第 3 个月后，账户上的值变成 (100+201.252)×(1+0.00417) = 302.507。

以此类推。

写一个函数，根据用户输入的每月存款数、年利率和月数，计算给定月份后账户上的钱数并输出。

【输入形式】输入每月存款数、年利率、月数，每两个数据之间用逗号分隔。

【输出形式】月末账户本息余额(保留小数点后两位)。

【样例输入】100, 0.05, 3

【样例输出】302.51

实验 9-44：寻找回文数。

所谓回文数就是将一个数从左向右读与从右向左读是一样的，例如，121 和 1331 都是回文数。编写一个函数实现求解正整数 n 以内的回文数。

【输入形式】输入一个正整数，为 n 的值。

【输出形式】每行输出 10 个回文数，每两个回文数之间用逗号分隔。

【样例输入】150

【样例输出】

0, 1, 2, 3, 4, 5, 6, 7, 8, 9,

11, 22, 33, 44, 55, 66, 77, 88, 99, 101,

111, 121, 131, 141,

实验 9-45：数列前 n 项和。

写一个函数，求解以下数列前 n 项之和并输出，其中 n(正整数)应从键盘输入

$$\frac{2}{1}, \frac{3}{2}, \frac{5}{3}, \frac{8}{5}, \frac{13}{8}, \frac{21}{13}, \cdots\cdots$$

【输入形式】输入一个正整数(int 型)，表示数列的项数。

【输出形式】输出一个实数(float 型)，保留小数点后两位。

【样例输入】3

【样例输出】5.17

实验 9-46： 寻找双质数。

所谓"双质数"是指对于两个质数 p 和 q，如果满足 p = q + 2，则 p 和 q 为双质数。请编程实现利用函数求解闭区间[m, n]之间的双质数，其中 m 和 n 均为正整数且 m < n。

【输入形式】从键盘先后输入两个正整数(分别为 m 和 n)，用逗号分隔。

【输出形式】每行输出一对双质数，用逗号分隔。若有多对双质数，则分多行输出。

【样例输入】3, 100

【样例输出】

3, 5

5, 7

11, 13

17, 19

29, 31

41, 43

59, 61

71, 73

实验 9-47： 求解勒让德多项式。

使用递归方法求 *n* 阶勒让德多项式的值，递归公式为：

$$P_n(x) = \begin{cases} 1, & n = 0 \\ x, & n = 1 \\ \dfrac{(2n-1) \times x - P_{n-1}(x) - (n-1) \times P_{n-2}(x)}{n}, & n > 1 \end{cases}$$

【输入形式】先后从键盘输入 n 和 x，用逗号分隔。

【输出形式】若 n 小于 0，则输出 "error"。若 n 大于等于 0，则输出 Pn(x)，保留小数点后两位。

【样例输入 1】–1, 3

【样例输出 1】error

【样例输入 2】2, –3

【样例输出 2】–3.50

实验 9-48： 科学计数法与小数形式转换。

编写一个程序，将用科学计数法输入的一个数转换成小数表示的形式输出。该科学计数法表示的数字由以下几部分构成：

(1)底数部分是一个小数，小数点前后必有数字，而且都为有效数字。即：小数点前只有一位大于 0 的数字，小数点后的末尾数字不能为 0。底数前没有表示符号的"+""–"字符。

(2) 必有字母 "e" 或 "E"。

(3) 指数部分是一个整数(小于 100),也可能带有前缀的 "+""−" 号。

注意:转换后小数点后应均为有效数字,即末尾不含数字 0,若无有效数字,则不输出小数点。提示:可按字符串形式存储相关数据。

【输入形式】控制台输入用科学计数法表示的一个数,其是一个不含空格的字符串,字符个数不会超过 50,最后会有回车换行符。

【输出形式】以小数形式输出该科学计数法表示的数。

【样例输入 1】2.569e–8

【样例输出 1】0.00000002569

【样例输入 2】8.9845623489650017659e5

【样例输出 2】898456.23489650017659

【样例输入 3】3.67298599990099E+42

【样例输出 3】3672985999900990000000000000000000000000000

【样例说明】以科学计数法输入数据,然后转换后以小数形式输出,注意:样例 3 中输入的数据转换后无小数部分,小数点就不再输出。

9.5 数 组 实 验

9.5.1 实验目的

1. 掌握一维数组和二维数组定义、初始化和使用。
2. 掌握字符数组的定义、初始化和使用。
3. 掌握数组作为函数参数的使用。
4. 掌握与数组有关的算法,如查找、排序等。

9.5.2 验证型实验

实验 9-49:输入输出数组元素的值。

```
#include<stdio.h>
int main( ){
    int n,a[n],i;
    n = 5;
    for(i = 1;i< = 5;i++){
        scanf("%d",a[i]);
    printf("%d",a[i]);}
    rerurn 0;
}
```

程序说明:C89 规定定义数组时不能使用变量定义数组的大小,所以上面数组定义(a[n])是非法的,应改为 int a[5],但 C99 允许用变量定义数组的大小。C 语言规定:数组元素的第 1 个下标从 0 开始,那么示例数组最后一个元素的下标是 4。所以程序代码应改为:

```
#include<stdio.h>
int main( ){
    int i,a[5];
    for(i = 0;i< = 4;i++){
        scanf("%d",a[i]);
        printf("%d",a[i]);
    }
    return 0;
}
```

实验 9-50：

```
#include "stdio.h"
int main( ){
    int a[7],j,i = 89,s = 102;
    printf("整型字节数%d",sizeof(int));
    printf("%p,%p,%p\n",a,&s,&i);
    for(j = 0;j<13;j++){
        a[j] = j;
        printf("%d,%p",a[j],&a[j]);
    }
    printf("i = %d,j = %d\n",i,j);
    return 0;
}
```

程序说明：由于编译系统并不检查数组元素的下标值是否越界，因此在编写程序时必须格外注意，确保数据元素的正确引用，以免因下标越界而造成对其他存储单元数据的破坏。不同的编译系统为变量分配的内存地址会不同，因此在不同编译系统下运行程序结果会不同。另外，数组元素和普通的基本型变量一样，可出现在任何合法的 C 语言表达式中，也可作为函数参数使用。C 语言规定数组不能整体引用，每次只能引用数组的一个元素。所以程序应改为：

```
#include "stdio.h"
int main( ){
    int a[7],j,i = 89,s = 102;
    printf("整型字节数%d",sizeof(int));
    printf("%p,%p,%p\n",a,&s,&i);
    for(j = 0;j<7;j++){
        a[j] = j;
        printf("%d,%p",a[j],&a[j]);
    }
    printf("i =   %d,s = %d\n",i,s);
    return 0;
}
```

实验 9-51：用选择法对实型数组 score 中的 n 个学生成绩按降序排序。

```
#include<stdio.h>
```

```
void Sort(float score[], long num[], int n){
    int i, j, k, t1;
    long t2;
    for (i = 0; i<n-1; i++){
        k = i;
        for (j = i+1; j<n; j++){
            if (score[j] > score[k]){
                k = j;              //按照分数的高低，得到最高分的下标位置
            }
        }
        if (k != i){
            t1 = score[k];
            score[k] = score[i];
            score[i] = t1;
            t2 = num[k];
            num[k] = num[i];
            num[i] = t2;
        }
    }
}
int main( ){
    float score[50];
    int x,i;
    long num[50];
    printf("Please enter total number:");
    scanf("%d",&x);
    printf("plesase enter the number and score:");
    for(i = 0;i<x;i++)
        scanf("%ld%f",&num[i],&score[i]);
    Sort(score,num,x);          //调用函数
    printf("Sorted results:\n");
    for(i = 0;i<x;i++)
        printf("%ld\t%6.2f\n",num[i],score[i]);
    return 0;
}
```

程序说明：函数传递参数时，使用不带方括号的数组名作为函数实参传递给被调函数。需要强调的是，不带方括号和下标的数组名代表第 1 个元素的地址。因此，数组名作为函数实参实际上是将数组的首地址传递给被调函数。由于形参和实参数组具有相同的首地址，所以实际上占用的是一组相同的存储单元。因此被调函数里修改形参数组元素时，实际上相当于实参数组元素的值也改变了。当用简单变量作函数实参时，由实参向形参单向传递的是变量的值，不是变量的地址，因此实参和形参变量代表的内存中不同的存储单元，所以即使形参的值在函数中被改变，也不会影响实参的值。数组作函数形参时，数组的长度可以不出现在数组名后面的方括号内。

实验 9-52：从键盘任意输入 5 个城市的名字，编程按字典拼音的顺序把排在最前面的城市名字输出。

```c
#include<stdio.h>
#include<string.h>
int main( ){
    int n;
    char str[200],min[200];
    printf("Please enter five names:\n");
    gets(str);
    strcpy(min,str);
    for(n = 1;n<5;n++){
        gets(str);
        if(strcmp(str,min)<0){
            strcpy(min,str);/*比较两个字符串的大小, 若 str 存储的字符串比较小,
则将 str 存储的字符串复制给 min*/
        }
    }
    printf("最小的字符串:");
    puts(min);
    return 0;
}
```

程序说明：一个城市的名字就是一个字符串，因此应该用字符数组来存储，而字典顺序就是将字符串按由小到大顺序排列。字符串的赋值操作不能使用赋值运算符，只能使用函数 strcpy( )。如使用赋值运算符将字符串 str 赋值给 min，这是错误的。另外，比较字符串的大小不能直接使用关系运算符，应使用函数 strcmp( ) 来比较字符串的大小。

9.5.3　设计型实验

实验 9-53：输入一个整型数组 a[10]，并计算其中的前 9 个元素的平均值，然后用这个值替换 a[9] 中的内容，最后输出该数组的所有元素。

【样例输入】0 1 2 3 4 5 6 7 8 9

【样例输出】0, 1, 2, 3, 4, 5, 6, 7, 8, 4

实验 9-54：输入两个整数数组，每个数组有 5 个整数，将二者进行合并，然后按照数值从小到大排序输出。

【输入形式】有两行输入，分别为第 1 个数组和第 2 个数组的元素赋值。每行输入中的每两个数值之间用空格分隔。

【输出形式】有两行输出，第 1 行输出为合并之后的数组元素值，第 2 行输出为排序后的数组元素值。每行输出中的每两个数值之间用逗号分隔。

【样例输入】

9 1 5 3 7

8 0 6 4 2

【样例输出】

9, 1, 5, 3, 7, 8, 0, 6, 4, 2

0, 1, 2, 3, 4, 5, 6, 7, 8, 9

实验 9-55：编程实现自动填充 n×n 矩阵元素数值，填充规则为：从第 1 行最后一列矩阵元素开始按逆时针方向螺旋式填充数值 1,2,…,n×n，其中，n 从键盘输入且 3≤n≤20。最后向显示器输出该矩阵所有元素。

【输入形式】输入一个正整数，为矩阵的行数和列数。

【输出形式】按行列顺序输出 n×n 矩阵的所有元素。

(1)每行 n 列矩阵元素均需在一行内输出显示。

(2)输出每行矩阵元素后均需换行输出下一行，共输出 n 行。

(3)每个矩阵元素数值的域宽均为 4 位且右对齐。

【样例输入】11

【样例输出】

```
11  10   9   8   7   6   5   4   3   2   1
12  49  48  47  46  45  44  43  42  41  40
13  50  79  78  77  76  75  74  73  72  39
14  51  80 101 100  99  98  97  96  71  38
15  52  81 102 115 114 113 112  95  70  37
16  53  82 103 116 121 120 111  94  69  36
17  54  83 104 117 118 119 110  93  68  35
18  55  84 105 106 107 108 109  92  67  34
19  56  85  86  87  88  89  90  91  66  33
20  57  58  59  60  61  62  63  64  65  32
21  22  23  24  25  26  27  28  29  30  31
```

实验 9-56：现有两个字符串 s1 和 s2，它们最多都只能包含 255 个字符。编写程序，将字符串 s1 中所有出现在字符串 s2 中的字符删去，然后输出 s1。

【输入形式】有两行输入。第 1 行输入为字符串 s1，第 2 行输入为字符串 s2。

【输出形式】输出被处理过的字符串 s1。

【样例输入】

I love you!8767%$&*Yeah

o7W$hB*

【样例输出(测试数据)】

I lve yu!86%#&Yea

实验 9-57：有两个字符串 str1 和 str2，它们的长度都不超过 100 个字符。请编程实现在 str1 中查找 str2 的初始位置。

【输入形式】有两行输入，第 1 行输入字串 str1，第 2 行输入字串 str2。

【输出形式】一个整数。若该整数为正整数，则表示 str2 在 str1 中的初始位置。若该整数为−1，则表示 str2 中在 str1 不存在，或者 str2 的长度大于 str1 的长度。

【样例输入】

Hello World!

o
【样例输出】
5

9.6　指　针　实　验

9.6.1　实验目的

1. 理解指针的概念，以及用指针间接访问变量的方法。
2. 掌握变量、数组、字符串指针的使用。
3. 学习指针数组的使用。
4. 掌握指针作函数参数的用法，了解指向函数的指针变量。

9.6.2　验证型实验

实验 9-58：编写比较两字符串大小的函数 strcmp。

编程要求：

1) 被调函数

(1) 形式参数为两个字符串指针。

(2) 比较结果作为一整型量返回，相等时返回 0，不等时返回两指针所指向的字符的 ASCII 码之差。

2) 主函数

(1) 主调函数中两个字符型指针变量指向两个字符串，两个字符型指针名作实参。

(2) 以 printf 函数参数的形式调用 strcmp 函数。

参考程序：

```
#include <stdio.h>
int main( ){
    int strcmp(char * str1,char * str2);
    char * s1,* s2,a1[100],a2[100];
    s1 = a1;s2 = a2;
    printf("\n input string1:");
    scanf("%s",s1);
    printf("\n input string2:");
    scanf("%s",s2);
    printf("result: %d",strcmp(s1,s2));
}
int strcmp(char * str1,char * str2){
    int i = 0,resu;
    while((* str1 == *str2) && (* str1! = '\0')) {i++;str1++;str2++;}
    if(* str1 == '\0' && * str2 == '\0')  resu = 0;
    else  resu = * str1-* str2;
    return resu;
}
```

注意事项：

(1)在主函数中如果不定义 a1 和 a2 数组，没有语句 "s1 = a1; s2 = a2;" 可以吗？回答当然是："不可以"。这种程序虽然也能运行，但很危险。原因是编译时虽然给指针变量 s1 和 s2 分配了内存单元，s1 和 s2 的地址已经指定了，但 s1 和 s2 的值未指定，是一个不可预料的值。

(2)在循环语句 "while((*str1 == *str2) && (*str1! = '\0')) {i++; str1++; str2++;}" 中，注意 str1 和 str2 两个指针变量下移。如果此语句写成 "while((*str1 == *str2) && (*str1! = '\0')) i++;"，则为死循环。

实验 9-59：编写一个函数，将一数组的元素逆序排列。

编程要点：

1)被调函数

(1)两个整型数指针*x、*y 作形式参数。

(2)当 x<y 时，交换*x 与*y。

(3)修改两个指针，继续调用该函数。

(4)x> = y 时，结束调用。

2)主函数

(1)输入数组元素。

(2)以函数语句形式调用被调函数，用数组名和最后一个数组元素的地址作实参。

参考程序：

```c
#include <stdio.h>
int main( ){
    void invert(int *x,int *y);
    int a[10],i;
    for(i = 0;i< = 9;i++)
        scanf("%d",&a[i]);
    invert(a,&a[9]);
    for(i = 0;i< = 9;i++)
        printf("%4d",a[i]);
}
void invert(int *x,int *y){
    int temp;
    while(x<y){
        temp = *x;
        *x = *y;
        *y = temp;
        x++;
        y--;
    }
}
```

实验 9-60：编写利用选择法排序的函数 sort，对数组元素进行从小到大排序。

编程要求：

1）主函数

(1)主函数中键盘输入 10 个字符。

(2)在主函数中声明排序函数。

2）被调函数

(1)以数组名和数组元素个数作形式参数。

(2)在内循环中，被排序的下标初值若未发生改变，则外循环中不进行元素交换操作。

参考程序：

```c
#include <stdio.h>
int main( ){
    void sort(int a[10],int);
    int c[10],i;
    for(i = 0;i< = 9;i++)
        scanf("%d",&c[i]);
    sort(c,10);
    for(i = 0;i< = 9;i++)
        printf("%d",c[i]);
}
void sort(int a[10],int n){
    int i,j,min,t;
    for(i = 0;i< = 8;i++){
        min = i;
        for(j = i+1;j< = 9;j++)
            if(a[min]>a[j])
                min = j;
        if(min! = i){
            t = a[i];
            a[i] = a[min];
            a[min] = t;
        }
    }
}
```

9.6.3　设计型实验

实验 9-61： 从标准输入中读入一个整数算术运算表达式，如 5+10+4*5–20+8/3 =。计算表达式结果，并输出。要求：

(1)表达式运算符只有+、–、*、/，表达式末尾的"="字符表示表达式输入结束。

(2)表达式中不含圆括号、空格符，而且不会出现错误的表达式。

(3)不会出现连续的乘除运算，例如：3+4*5*2 = 不会出现。

(4)出现除号/时，以整数相除进行运算，结果仍为整数，例如：5/3 结果应为 1。

【输入形式】 在控制台中输入一个以 '=' 结尾的整数算术运算表达式。

【输出形式】 向控制台输出计算结果（为整数）。

【样例 1 输入】 5+10+4*5–20+8/3 =

【样例 1 输出】17

【样例 2 输入】500 =

【样例 2 输出】500

实验 9-62：有 n 个人围成一圈，顺序排号，从第 1 个人开始报数，从 1 报到 m，凡报到 m 的人退出圈子，问最后留下的是原来第几号的人？下列函数完成上述处理，其中 m、n 的 (m<n)值由主调函数输入，函数返回值为所求结果。

【输入形式】n ⊔ m 其中 n>m(⊔表示空格)。

【输出形式】最后留下的是原来第几号的人。

【样例输入】99 ⊔ 3

【样例输出】88

实验 9-63：输入 10 个数，按绝对值从大到小排序后输出。要求用指针做。

【输入形式】输入 10 个 float 实数。

【输出形式】以小数点后两位有效数字输出从大到小数列。

【样例输入】11.3 –24.1 31.6 –41 57.6 –68.1 72.5 –89.7 96.8 –100.3

【样例输出】–100.30, 96.80, –89.70, 75.50, –68.10, 57.60, –41.00, 31.60, –24.10, 11.30

实验 9-64：对于一个整数 n 与其逆序数 m(将整数倒过来形成的数，如 123 的逆序数为 321)，若 m 恰为 n 的整数 k 倍，称 n*k = m 为倍逆序式数。输入一个整数判断其是否存在倍逆序式，若存在则输出该逆序式；若不存在，则直接输出 n 和 m。

【输入形式】从标准输入中读取一大于 0 的十进制整数 n，要求：n 不会超过 int 数据类型的表示范围，并且最高位不为 0。

【输出形式】若存在倍逆序式数，则按照下面的格式输出：n*k = m，其中 n 为输入的整数，m 为其逆序数，k 是 m 为 n 的倍数，"*"和"="都是英文符号，该输出公式中不得有空格等其他任何字符。若不存在倍逆序式数，则直接输出 n 和 m，中间以一个空格分隔两个数据。注意：无论是否存在倍逆序式数，输出 m 时，m 的位数应该与 n 相同，若 m 的最高位为 0，也应该输出 0。

【样例 1 输入】1089

【样例 1 输出】1089*9 = 9801

【样例 2 输入】23200

【样例 2 输出】23200 00232

【样例 3 输入】1111

【样例 3 输出】1111*1 = 1111

实验 9-65：从键盘输入两个有序字符串(其中字符按 ASCII 码从小到大排序，并且不含重复字符)，将两字符串合并，要求合并后的字符串仍是有序的，并且重复字符只出现一次，最后输出合并后的结果。

【输入形式】分行从键盘输入两个有序字符串(每个字符串不超过 50 个字符)。

【输出形式】输出合并后的有序字符串。

【样例输入】abcdeg

　　　　　　bdfh

【样例输出】abcdefgh

9.7　结构体实验

9.7.1　实验目的

1. 熟悉结构体类型的定义、结构体类型变量的定义与使用。
2. 掌握结构体数组及其应用。
3. 掌握结构体指针变量及其应用。
4. 利用结构体编程。

9.7.2　验证型实验

实验 9-66：定义结构体变量。
结构体类型定义如下：

```
struct stu{
    int num;
    char name[20];
    char sex;
    int age;
    float score;
};
```

请编写程序，用以下 3 种方法定义一个结构体变量。
(1)先定义结构体类型，再定义结构体变量。
语法格式：

```
struct 结构体类型名 结构体变量名表;
```

(2)在定义结构体类型的同时定义结构体变量。
语法格式：

```
struct 结构体类型名{
    成员表列
}变量名表列;
```

(3)直接说明结构体变量。
语法格式：

```
struct{
    成员表列
}变量名表列;
```

实验 9-67：验证结构体占用的存储空间。
有如下结构体类型定义：

```
struct date{
    int year;
    int month;
```

```
        int day;
    };
    struct student{
        int num;
        char name[20];
        char sex;
        struct date birthday;
        float score;
    }stu1,stu2;
```

结构体类型 date，由 year、month、day 三个成员组成。在定义结构体类型 student 时，其中的成员 birthday 被说明为 data 结构类型。

stu1 和 stu2 的逻辑结构和占用的字节数如表 9-1 所示。

表 9-1　嵌套的结构体的逻辑结构和占用的字节数

成员名	num	name	sex	birthday			score
				year	month	day	
占有的字节数	4	20	1	4	4	4	4

编程求 student 类型占用的字节数，并分析结果。

可以利用 "printf("%d\n",sizeof(struct student));" 查看 student 结构体类型占用的字节数，输出结果为 "44"。从上表得知，4+20+1+4+4+4+4 = 41，不满足补齐规则。在这个结构体中最大的成员的字节数是 20，超过 4 字节按 4 字节算，由于 41 不是 4 的整数倍，所以为满足补齐规则，扩展这个结构体的占用空间为 44 字节，这就是程序运行结果 "44" 的由来。

实验 9-68：建一个源文件窗口，输入下面的程序：

```
#include<stdio.h>
int main( ){
    int outp;
    struct st{
        int n;
        struct st *next;
    };
    static struct st a[3] = {5,&a[1],7,&a[2],9,'\0'},*p;
    p = &a[0];
    outp = p++->n;          //考虑 outp 的值
    printf("%d\n",outp);
}
```

请分析程序，得出输出结果，再实际运行程序，进行验证。请回答下面问题：

(1) 修改程序的倒数第 3 行为："outp = p–>n++;"，分析程序运行结果。

(2) 修改程序的倒数第 3 行为："outp = (*p).n++;"，分析程序运行结果。

(3) 修改程序的倒数第 3 行为："outp = ++p–>n;"，分析程序运行结果。

(4) 掌握通过指针引用结构体成员有两种方式：结构体指针变量名–>成员名和 (*指针名).成员名，并注意各个运算符的优先级。

实验 9-69：建一个源文件窗口，输入下面的程序.

```c
#include<stdio.h>
int main( ){
    struct st{
        int x,*y;
    }*p;
    int dt[4] = {10,20,30,40};
    struct st aa[4] = {50,&dt[0],60,&dt[1],70,&dt[2],80,&dt[3]};
    p = aa;
    printf("%d",++p->x);
}
```

请分析程序，得出输出结果，再实际运行程序，进行验证。请回答下面问题：

(1) 修改程序的倒数第 2 行为："printf("%d",(++p)->x);"，分析程序运行结果。

(2) 修改程序的倒数第 2 行为："printf("%d",++(*p->y));"，分析程序运行结果。

实验 9-70：编辑运行下述程序，理解建立链表及在链表中插入一个结点的方法。

```c
#include <stdio.h>
#include <stdlib.h>
struct term{
    struct term *next;
    int value;
};
int main( ){
int i,n;
    struct term *root,*p,*q,*temp;
    printf(" shu ru shu zhi de ge shu \n");
    scanf("%d",&n);
    root = NULL;
    for(i = 0;i<n;i++) {
        temp = malloc(sizeof(struct term));
        temp->value = rand( );
        q = NULL;
        p = root;
        while(p! = NULL&&temp->value>p->value){
            q = p;
            p = p->next;
        }
        temp->next = p;
        if(q! = NULL)
            q->next = temp;
        else
            root = temp;
    }
    for(p = root;p! = NULL;p = p->next)
```

```
        printf("%8d",p->value);
    }
```

9.7.3 设计型实验

实验 9-71：猴子选大王。要从 n 只猴子中选出一位大王。它们决定使用下面的方法：n 只猴子围成一圈，从 1 到 n 顺序编号。从第 q 只猴子开始，从 1 到 m 报数，凡报到 m 的猴子退出竞选，下一次又从退出的那只猴子的下一只开始从 1 到 m 报数，直至剩下的最后一只为大王。请问最后哪只猴子被选为大王？

【输入形式】控制台输入 3 个整数 n，m，q。

【输出形式】输出最后选为大王的猴子编号。

【样例输入】7　4　3

【样例输出】4

【样例说明】输入整数 n＝7，m＝4，n＝3，输出 4

实验 9-72：计算日期差。利用以下结构体编写一个程序用来计算两个日期之间相差的天数。

```
struct Date {
    int year;
    int month;
    int day;
};
```

【输入形式】输入两个日期，每个日期分占一行，在一行中日期的年、月、日是 3 个整数，以空格分隔。并假设第 2 个日期大于或等于第 1 个日期。

【输出形式】第 2 个日期与第 1 个日期间相差的天数。

【样例输入】

2003 3 25

2003 3 29

【样例输出】

4

实验 9-73：电话簿排序。编写一个程序，输入 N 个用户的姓名和电话号码，按照用户姓名的词典顺序排列输出用户的姓名和电话号码。

【输入形式】用户首先在第 1 行输入一个正整数，该正整数表示待排序的用户数目，然后在下面多行输入多个用户的信息，每行的输入格式为：姓名　电话，即每个用户的姓名和电话之间用空格分隔，并以回车结束每个用户的输入。

【输出形式】程序输出排序后的结果。每行的输出结果格式也是：姓名电话。姓名和电话字段中间没有空格，要求用户姓名不能超过 10 个字符，超出 10 个字符时候只取前 10 个字符作为姓名。电话号码不能超过 10 位，超过 10 位时只按 10 位处理。输出姓名、电话字段各占 12 个字符宽，输出格式采用默认对齐方式。另外，用户的数量要求不超过 50 个。

【样例输入】

3

amethystic 1234567

amethyst 654321

wangwei 7645434

【样例输出】

####amethyst#####654321

##amethystic#####1234567

#####wangwei####7645434

【样例说明】程序根据用户姓名的词典顺序排序，最后按照姓名#电话的格式输出。另外，由于输入形式规定姓名和电话之间用空格分隔，所以输入姓名时请将姓和名一起输入，中间不要有空格。另外输出时候程序将自动补齐 12 字符宽。程序输出结尾有个回车符。

实验 9-74：链表操作。输入 n(n>1) 个正整数，每次将输入的整数插入到链表头部。–1 表示输入结束。再输入一个正整数，在链表中查找该数据并删除对应的节点。要求输出进行删除操作后链表中所有节点的值。

【输入形式】输入以空格分隔的 n 个整数，以–1 结束输入，再输入一个要删除的整数。

【输出形式】从链表第 1 个元素开始，输出链表中所有的节点值。以空格分隔。

【样例输入】

2 4 6 7 8 4 –1

2

【样例输出】

4 8 7 6 4

【样例说明】

输入以空格分隔的 n 个整数 2 4 6 7 8 4，以–1 结束输入。然后输入 2，删除 2 之后输出剩余整数。

实验 9-75：二叉树遍历。已知一个二叉树的前序遍历序列和中序遍历序列，求其后序遍历序列。

【输入形式】从标准输入读取第 1 行是二叉树的前序遍历序列，是全部由大写英文字母组成的一个字符串，不含空格。该二叉树的所有节点值均以一大写英文字母表示且互不重复。所有节点个数不超过 20 个。第 2 行是二叉树的中序遍历序列。

【输出形式】向标准输出打印结果。输出只有一行，是该二叉树的后序遍历序列。在行末也要输出一个回车符。

【样例输入】

ABDEC

DBEAC

【样例输出】

DEBCA

【输出说明】由输入的前序遍历序列和中序遍历序列可以确定一棵二叉树。

实验 9-76：窗口点击模拟。在计算机屏幕上，有 N 个窗口。窗口的边界上的点也属于该窗口。窗口之间有层次的区别，在多于一个窗口重叠的区域里，只会显示位于顶层的窗口里的内容。当你用鼠标点击屏幕上一个点的时候，若其在窗口内，你就选择了处于被点击位置所属的最顶层窗口，并且这个窗口就会被移到所有窗口的最顶层，而剩余的窗口的层次顺序不变。如果你点击的位置不属于任何窗口，则系统会忽略你这次点击。编写一个程序模拟点击窗口的过程：先从标准输入读入窗口的个数，窗口编号和位置（以窗口的左下角和右上角的坐标表示，先输入的窗口层次高），然后输入点击的次数和位置（以点击的坐标表示），编写程序求得经过上述点击后窗口的叠放次序。假设：

(1)屏幕的左下角作为 X 轴和 Y 轴坐标原点，即坐标为(0, 0)，所有输入的坐标数值都是整数，并且都大于等于 0 且小于等于 1000。

(2)输出窗口的叠放次序时从最后点击后最顶层的窗口编号开始按层次依次输出。

(3)输入的窗口个数大于 0 并且小于等于 10，点击次数大于 0 并且小于等于 20。

【输入形式】先输入窗口的个数，然后从下一行开始分行输入 5 个整数，分别表示各个窗口编号和左下角的横坐标和纵坐标，以及右上角的横坐标和纵坐标，整数之间以一个空格分隔；再输入点击次数，并且从下一行开始分行输入两个整数，分别表示点击处的横坐标和纵坐标，两个整数之间以一个空格分隔。最后一对坐标后也有回车换行。

【输出形式】输出窗口的叠放次序时从最后点击后最顶层的窗口编号开始，按层次依次输出，各个编号之间以一个空格分隔，最后一个编号后的空格可有可无。

【样例输入】

```
4
1 43 31 70 56
2 50 24 80 50
3 23 13 63 42
4 57 36 90 62
5
47 28
73 40
60 38
72 52
35 56
```

【样例输出】

```
4 2 3 1
```

【样例说明】输入的模拟屏幕上有 4 个窗口，最顶层窗口的左下角和右上角的坐标分别为(43, 31)和(70, 56)，其编号为 1，下面各层窗口的左下角和右上角分别为(50, 24)和(80, 50)，(23, 13)和(63, 42)，(57, 36)和(90, 62)，编号分别为 2、3、4。第 1 次点击点坐标为(47, 28)，由于该点只落在了编号为 3 的窗口内，所以该窗口被激活变成了顶层窗口，窗口叠放次序变为(3, 1, 2, 4)；第 2 次点击在(73, 40)，落在编号为 2 和 4 的重叠区域，由于 2 号窗口在 4 号窗口上方，所以这次点击激活了 2 号窗口，其变为顶层窗口，这时窗口叠放次序为(2, 3, 1, 4)；第 3 次点击在(60, 38)，该区域是所有窗口的重叠区域，当然也点击在顶层 2 号窗口内，窗口叠放次序没有变化；第 4 次点击在(72, 52)，该点只落在了 4 号窗口内，所以 4 号窗口又被激活成为顶层窗口，窗口叠放次序变为(4, 2, 3, 1)；第 5 次点击在(35, 56)，不属于任何窗口，所以没有改变窗口叠放次序。这时 4 号窗口为顶层窗口，向下依次为 2、3 和 1 号窗口。

9.8　文　件　实　验

9.8.1　实验目的

1. 掌握文件和文件指针的概念。
2. 了解文件打开和关闭的概念及方法。
3. 掌握有关文件操作的函数。

9.8.2　验证型实验

实验 9-77：标准输入输出设备文件的使用。在启动运行一个 C 程序时，系统会自动打开 3 个设备文件：

(1) stdin 标准输入文件：FILE *stdin = fopen(stdin,"r")

(2) stdout 标准输出文件：FILE *stdout = fopen(stdout,"w")

(3) stderr 标准错误文件：FILE *stderr = fopen(stderr,"w")

在下面程序中，以 stdin 和 stdout 为实参(文件型指针)调用文件读写函数，实现数据的键盘输入和数据的屏幕输出。

```c
int main(void){
    int a;
    char str[11];
    fscanf(stdin,"%d",&a);
    getchar( );
    fgets(str,10,stdin);
    fprintf(stdout,"a = %d,str = %s\n",a,str);
}
```

(1) 运行测试上面的程序，程序中的语句"getchar( );"起到什么作用？

(2) 删除语句"getchar( );"，重新编译和运行程序，测试运行结果。

实验 9-78：写操作的文件打开方式。

```c
int main(void){
    int i;
    FILE *fp;
    if(!(fp = fopen("file_test2.txt","w"))){
        printf("打开文件失败! \n");
        return 0;
    }
    for(i = 0;i<5;i++)
        fprintf(fp,"%d ",i);
    fclose(fp);
    if(!(fp = fopen("file_test2.txt","w"))){
        printf("打开文件失败! \n");
        return 0;
    }
```

```
        for(;i<10;i++)
            fprintf(fp,"%d ",i);
        fclose(fp);
    }
```

（1）运行上面程序，查看与源文件同文件目录下的文件"file_test2.txt"的内容。在文件"file_test2.txt"中，为什么只保存了第 2 次文件打开时写入的数据？

（2）将程序中第 2 个 fopen( )中的文件打开方式改为"a"，运行程序并查看文件"file_test2.txt"的内容。

9.8.3 设计型实验

实验 9-79：请编程实现读取并统计文本文件"file1.txt"中字母、数字和其他字符的个数，然后将统计结果输出到屏幕。注：该文本文件与源码文件保存在同一个目录下。

【输入形式】文件输入：事先创建"file1.txt"文件并录入任意字符串作为文件输入内容。

【输出形式】标准输出：在显示器中有 3 行输出。

第 1 行：字母个数

第 2 行：数字个数

第 3 行：其他字符个数

【样例输入】

ksiwkslapUWJ827301*&!@&&^%*!

【样例输出】

letter:12

number:6

other:10

【样例说明】

如图 9-1 所示。

图 9-1 文件输入内容样例

实验 9-80：创建一个学生结构体，如下所示。

```
    struct stu{
    int id;                 //学号
        char name[20];      //姓名
        int age;            //年龄
        int score;          //成绩
    };
```

从键盘录入两名学生的信息，将学生信息格式化写入文件中。写入格式要求：将每个同学的信息写入文件中的一行，每行中的各个数据之间以空格分隔。目前，已经完成了 main 函数的编写，请编程实现 stdinForStu 函数和 writeFileForStu 函数。注：需写入的文本文件 "file2.txt" 应与源文件保存在同一个目录下。

```c
#include <stdio.h>
#difine NUM = 2;                        //学生数量
struct stu{
int id;                                 //学号
    char name[20];                      //姓名
    int age;                            //年龄
    int score;                          //成绩
};
int main(void){
//声明函数及变量
void stdinForStu(struct stu *p, int num);
void writeFileForStu(struct stu *p,int num,char filename[],char mode[]);
    struct stu students[NUM];           //stu 型数组
struct stu *p = students;               //stu 型指针
char filename[] = "file2.txt";          //待写入文件路径及名称
    //从键盘获取输入
    stdinForStu(p, NUM);
    //向文件写入数据
    writeFileForStu(p, NUM, filename, "w");
    return 0;
}
/* 函数名称：stdinForStu
 * 函数功能：从键盘输入数据，保存到指针 p 所指向的数组中
 * 形式参数：struct stu * p，指向 stu 型的一维数组
 * 形式参数：int num，一维数组元素个数
 * 返回值：无
 */
void stdinForStu(struct stu *p, int num){
    //请编程实现本函数

}

/* 函数名称：writeFileForStu
 * 函数功能：向文件格式化写入数据
 * 形式参数：struct stu * p，指向 stu 型的一维数组。该数组数据将被写入文件
 * 形式参数：int num，一维数组元素个数，即写入文件的行数
 * 形式参数：char filename[]，待写入的文件路径及名称
 * 形式参数：char mode[]，文件使用方式
 * 返回值：无
 */
void writeFileForStu(struct stu *p, int num, char filename[],char mode[]){
    //请编程实现本函数

}
```

【输入形式】标准输入：有 2 行，每行输入一个同学信息，每行中数据之间以空格分隔。

【输出形式】文件输出：有 2 行，每行写入一个同学信息，每行中数据之间以空格分隔。

【样例输入】

1001 zhangfeifei 18 100

1002 liubeibei 19 80

【样例输出】

1001 zhangfeifei 18 100

1002 liubeibei 19 80

【样例说明】

如图 9-2 所示。

实验 9-81：从键盘输入一个长度不超过 100 个字符的字符串，然后做如下操作：

(1)将字串中的小写字母转为大写，大写字母转为小写，而其他字符不作处理。

(2)将字串输出保存到一个名为 file3.txt 的文本文件中。注：文本文件 file3.txt 应与源文件保存在同一个目录下。

【输入形式】标准输入：从键盘任意输入不超过 100 个字符的字串。

【输出形式】文件输出：将字串转换后输出到文件。

【样例输入】I Love You!78$%2kjhaEWF

【样例输出】i lOVE yOU!78$%2KJHAewf

【样例说明】

如图 9-3 所示。

图 9-2　文件输出内容样例(一)

图 9-3　文件输出内容样例(二)

实验 9-82：对于一个文本文件 file4_1.txt，编写一个程序，将该文件中的每一行字符颠倒顺序后输出到另一个文件 file4_2.txt 中。文件 file4_1.txt 和 file4_2.txt 应与源文件保存在同一个目录下。

【输入文件】file4_1.txt 文件含有多行任意字符，也可能有空行。每个文本行最长不超过 80 个字符。在最后一行的结尾有一个回车符。

【输出文件】输出文件为源文件所在目录下的 file4_2.dat。

【样例输入】假设输入文件 file4_1.txt 的内容为：

This is a test!

Hello, world!

How are you?

【样例输出】输出文件 file4_2.txt 的内容为：

!tset a si sihT

!dlrow, olleH

?uoy era who

【样例说明】输入文件需要编程者利用记事本程序自己创建。

实验 9-83：从键盘上输入 10 个实数，将这些数按降序排序后写到文件 file5.txt 中，同时在屏幕上输出。要求 10 个实数的输入输出在主函数内完成，数据排序、读取文件和写入文件分别设计函数完成。文件 file5.tx 应与源文件在同一个目录下。

【输入形式】输入 10 个实数。

【输出形式】数据按降序排序后写到文件 file5.txt 中，然后再从文件中读出显示到屏幕上，实数均保留 2 位小数。

【样例输入】34 5 7 18 9 6 13 8 11 10

【样例输出】34.00 18.00 13.00 11.00 10.00 9.00 8.00 7.00 6.00 5.00

【样例说明】在文件 file5.txt 中的内容为：

34.00 18.00 13.00 11.00 10.00 9.00 8.00 7.00 6.00 5.00

实验 9-84：编写一个程序，分别统计一个 C 源程序 file6.c 中 int 型、char 型和 float 型变量的个数，并将它们输出显示到屏幕上。C 源程序文件 file6.c 应与源文件在同一个目录下。假设在源程序的每个函数内，一行只能定义一种类型的变量，一行内可以定义多个变量，并且每个函数声明独占一行。变量定义和函数声明都必须在函数体首部出现，语句部分不会出现变量定义。

【输入形式】C 源程序文件 file6.c 存储在源文件的当前目录下。

【输出形式】统计出的每种类型的变量个数各占一行，统计数字前面加类型符和冒号。

【样例输入】假设 file6.c 中的内容如下：

```c
#include <stdio.h>
int main(void){
    int max(int a[],int n);
    int a[10],i,m;
    printf("\nInput data:");
    for(i = 0;i<10;i++)
        scanf("%d",&a[i]);
    m = max(a,10);
    printf("max = %d",m);
}
int max(int a[  ],int n){
    int i,m;
    m = a[0];
    for(i = 1;i<n;i++)
        if(a[i]>m)
            m = a[i];
    return(m);
}
```

【样例输出】

int: 7

char: 0

float: 0

【样例说明】

在 file6.c 文件中，主函数 main( ) 定义了 3 个整型变量：a、i 和 m，函数 max( ) 定义了 4 个变量：a、n、i 和 m。

9.9　常用算法实验

9.9.1　实验目的

1. 熟悉常用算法。
2. 基于常用算法进行程序设计。

9.9.2　验证型实验

实验 9-85：编写程序，判断由 1、2、3、4 四个数字能组成多少个互不相同且无重复数字的 3 位数。输出这些数。运行程序并分析结果。新建一个源文件窗口，输入下面的程序：

```
#include<stdio.h>
int main( ){
    int i,j,k,n = 0;
    for(i = 1;i<5;i++)
        for(j = 1;j<5;j++)
            for(k = 1;k<5;k++)
                if(i! = j && i! = k && j! = k)
                {
                    printf("%d%d%d\t",i,j,k);
                    n++;
                    if(n%5 == 0)
                        printf("\n");
                }
    printf("\n 共有:%d 个组合",n);
    return 0;
}
```

程序说明：这是一个典型的穷举法问题，分别用 i、j、k 三个变量表示 3 位数的百十个位，因为该 3 位数的组成是 1、2、3、4 四个数字，所以循环变量的取值范围为 1～4。在最内层的循环中，利用 if 函数实现 3 个循环变量的两两比较，以保证组成的 3 位数互不相同且无重复数字，同时使用变量 n 记录所输出的 3 位数的个数。因为输出的数据个数比较多，所以在数据的时候注意控制每行输出的个数，本例中采用每行输出 5 个数字的形式，即 n%5 == 0 时，进行换行输出。

实验 9-86：用递归方法编写求最大公因子。运行程序并分析结果。新建一个源文件窗口，输入下面的程序：

```
#include <stdio.h>
int gcd(int m, int n){
```

```
    if (n! = 0)
        return gcd(n,m%n);
    else
        return m;
}
int main( ){
    int x, y,g;
    printf("输入两个正整数,用空格分割: ");
    scanf("%d %d", &x, &y);
    g = gcd(x, y);
    printf("%d 和%d 的最大公因子是: %d。", x,y,g);
    return 0;
}
```

程序说明：递归的概念在于反复调用函数自身，该程序采用递归法编写计算最大公因数的函数 gcd( )，两个正整数 x 和 y 的最大公因子定义为：如果 y<＝x 且 x mod y＝0 时，gcd(x,y)＝y；如果 y>x 时，gcd(x,y)＝gcd(y,x)；其他情况，gcd(x,y)＝gcd(y,x mod y)。本程序中将实参 x、y 赋值给形参 m、n。在主函数中完成 gcd( )函数的调用并输出，从键盘任意输入两个正整数，数字之间用空格分隔。

9.9.3 设计型实验

实验 9-87：小明借书。小明有 N(5>＝N>＝3)本新书，要借给 A、B、C 三位小朋友，若每人每次只能借一本，则可以有多少种不同的借法？用穷举法实现。

【输入形式】控制台输入小明有新书的本数 N。

【输出形式】输出一共有多少种借书方案。

【样例输入】4

【样例输出】24

【样例说明】可以将新书进行编号，例如编号为 1～5，进行循环判断。输入整数 4，输出 24。

实验 9-88：青蛙跳台阶。一只青蛙可以跳上 1 级台阶，也可以跳上 2 级。求该青蛙跳上一个 n 级台阶总共有多少种跳法。使用递推法实现。

【输入形式】控制台输入要跳上的台阶数 n。

【输出形式】跳上 n 级台阶的跳法总数。

【样例输入】输入台阶数：5

【样例输出】跳上 5 级台阶的跳法总数为：8

【样例说明】输入整数 n＝5，即阶数为 5。输出上 5 阶的跳法总数为 8。可以使用 f1 和 f2 分别代表跳上 1 级与 2 级台阶的跳法数，每次更新 f1 和 f2 的值准备下一次递推。

实验 9-89：最长重复子数组。给定两个整数数组 A 和 B，返回两个数组中公共的、长度最长的子数组的长度。A 和 B 的长度均不超过 1000。

【输入形式】先在控制台输入两个整数 n 和 m。并满足以下文字样式输出：

请输入两个数组的长度 n 和 m：

n m

再依次输入数组 A 和数组 B，分两行输入，并满足以下文字样式输出：

请输入两个数组 A 和 B：

a1 a2...an

b1 b2...bm

【输出形式】输出重复子数组的长度 len。并满足以下文字样式输出：

最长公共子数组的长度为：len

【样例输入】

请输入两个数组的长度 n 和 m：

4 3

请输入两个数组 A 和 B：

1 2 3 2

4 3 2

【样例输出】

最长公共子数组的长度为：2

【样例说明】

数组 A 和 B 的最长的公共子数组是[3, 2]，则长度为 2

实验 9-90：n 阶杨辉三角。打印 n 阶杨辉三角，n< = 10。

【输入形式】输入杨辉三角的阶数 n。

【输出形式】输出 n 阶杨辉三角。

【样例输入】

5

【样例输出】

```
    1
    1    1
    1    2    1
    1    3    3    1
    1    4    6    4    1
```

【样例说明】杨辉三角是二项式系数在三角形中的一种几何排列，是二项式系数在三角形中的一种几何排列。杨辉三角每个数等于它上方两数之和，每行数字左右对称，由 1 开始逐渐变大。第 n 行的数字有 n 项，前 n 行共[(1+n)n]/2 个数，第 n 行的 m 个数可表示为 C(n-1，m-1)，即为从 n-1 个不同元素中取 m-1 个元素的组合数，第 n 行的第 m 个数和第 n-m+1 个数相等，为组合数性质之一。可以采用递推算法解决此问题。

9.10　智能算法实验

9.10.1　实验目的

1. 掌握经典人工智能算法思想及原理。
2. 掌握经典人工智能算法应用与实现。

9.10.2　设计型实验

实验 9-91：杰卡德相似系数也常用来处理非对称二元变量，非对称的意思是指状态的两个输出不是同等重要。例如，在医学检查中，许多检查指标都有阴性或阳性两种取值结果。假设阴性表示指标正常或身体健康，而阳性表示可能存在疾病，那么从疾病治疗角度看，结果为阳性就比阴性更为重要。通常，把出现概率较大的结果(如阳性)编码为 0，出现概率较小的结果(如阴性)编码为 1。对于给定的两个非对称二元变量，如果两个都取 1，则称为正匹配；如果两个都取 0，则称为负匹配。由于正匹配比负匹配更有意义，且认为负匹配是不重要的，因此在计算时会忽略负匹配的数量。假设有序集合 A 和 B 都是 n 维向量(属性)，每个维度(属性)都取值 0 或 1，则对集合 A 和 B 相同序号的属性值进行比较的结果有以下 4 种情况：

(1)M11 表示 A 和 B 对应位都为 1 的属性数量。

(2)M10 表示 A 和 B 对应位 A 为 1 且 B 为 0 的属性数量。

(3)M01 表示 A 和 B 对应位 A 为 0 且 B 为 1 的属性数量。

(4)M00 表示 A 和 B 对应位都为 0 的属性数量。

显然有，M11+M10+M01+M00 = n。由于 M00 为负匹配，因此，杰卡德相似系数为：

$$J(A, B) = \frac{M11}{M11 + M10 + M01}$$

为简单起见，设 n = 5，集合 A 和 B 的元素值均从键盘输入获得，请编程计算杰卡德相似系数 J(A, B)，并输出显示计算结果。

实验 9-92：现有某中学八年级所有女学生的体测样本数据，如表 9-2 所示，试计算各变量之间的皮尔逊相关系数。要求所有数据从键盘输入，经过计算后输出显示计算结果。

表 9-2　女生体测样本数据

身高	体重	肺活量	50 米跑	立定跳远	坐位体前屈
155	51	1687	9.7	158	9.3
158	52	1868	9.3	162	9.6
160	59	1958	9.9	178	9.5
163	59	1756	9.7	183	10.1
165	60	1575	9	156	10.4
151	47	1700	9.1	154	11.1
150	45	1690	9.7	164	12.5
147	43	1888	8.9	178	11.2
158	42	1949	12.1	168	10.6
161	51	1548	11.1	180	9.6
162	47	1624	10.1	191	9.8
165	47	1657	9.8	193	7.8
157	45	1574	9.6	190	8.7
154	41	1544	9.2	187	9.8
149	40	1687	9	167	9.7
...	...	...	...	...	...

实验 9-93：假设有一个二维数据集，其中包含以下 15 个数据点：(1, 2)、(1, 3)、(1, 4)、(1, 9)、(2, 1)、(2, 3)、(2, 4)、(3, 1)、(3, 2)、(4, 1)、(4, 2)、(4, 5)、(5, 4)、(5, 5)、(9, 3)，使用 K-Means 算法对这些数据点进行聚类，将它们分成 3 个簇。

实验 9-94：假设有两类二维数据集 A 和 B，A 类数据集包括：(3, 7)、(3.6, 9)、(3, 10)，B 类数据集包括：(5, 3)、(5, 2)、(5.7, 4)，请利用 KNN 算法对测试样本点 (4, 8) 进行分类，并编程实现。

实验 9-95：请使用结构体和指针作为数据结构，利用朴素贝叶斯分类算法求解如下问题并编程实现。在线社区的留言板可能会存在非法言论，为了在线社区的健康发展，需要屏蔽侮辱性等负面言论。为此，需要构建一个快速过滤器，如果某条留言使用了负面或者侮辱性的语言，那么就将该留言标识为内容不当。过滤这类内容是一个很常见的需求。对此问题建立两个类别：侮辱类和非侮辱类，使用 1 和 0 分别标识。先验数据如表 9-3 所示，未知类别数据如表 9-4 所示。使用朴素贝叶斯分类算法对未知类别数据分类。

表 9-3　先验数据表

帖子内容	类别
'my', 'dog', 'has', 'flea', 'problems', 'help', 'please'	0
'maybe', 'not', 'take', 'him', 'to', 'dog', 'park', 'stupid'	1
'my', 'dalmation', 'is', 'so', 'cute', 'I', 'love', 'him'	0
'stop', 'posting', 'stupid', 'worthless', 'garbage	1
'mr', 'licks', 'ate', 'my', 'steak', 'how', 'to', 'stop', 'him'	0
'quit', 'buying', 'worthless', 'dog', 'food', 'stupid'	1

表 9-4　待分类数据表

关键字	类别
'love', 'my', 'dalmation'	?
'stupid', 'garbage'	?

实验 9-96：朴素贝叶斯分类是基于贝叶斯定理与特征条件独立假设的分类方法，贝叶斯公式为 $P(A|B) = \dfrac{P(B|A)P(A)}{P(B)}$。已知某疾病的发病率是 0.001。现有一种试剂可以检验患者是否得病，准确率为 0.99，即在患者确实得病的情况下，有 99% 的可能呈现阳性。该试剂的误报率为 5%，即在患者没有得病的情况下，它有 5% 的可能呈现阳性。现有一个人的检验结果为阳性，请问此人确实得了该种疾病的可能性有多大？要求：发病率、试剂准确率、试剂误报率均从键盘输入。

实验 9-97：假设有 4 个二维数据，数据特征分别是 (3, 4)、(4, 3)、(1, 2)、(2, 1)，其中 (3, 4) 和 (4, 3) 这两个数据的标签为 1，(1, 2) 和 (2, 1) 这两个数据的标签为 −1。请编程实现使用单层感知器来进行分类，要求数据从键盘输入，经计算后输出分类结果。

实验 9-98：利用遗传算法求解下面函数的最大值及相应的 x 和 y 的值。

$$f(x, y) = \frac{6.452(x + 0.125y)(\cos(x) - \cos(2y))^2}{\sqrt{0.8 + (x - 4.2)^2 + 2(y - 7)^2}} + 3.226y$$

其中：$x, y \in [0, 10)$

实验 9-99： 利用遗传算法求解下面函数的最大值和最小值。

$$f(x, y) = 3(1-x)^2 * e^{(-(x^2)-(y+1)^2)} - 10\left(\frac{x}{5} - x^3 - y^5\right)e^{(-x^2-y^2)} - \frac{1}{3}e^{(-(x+1)^2-y^2)}$$

其中：$x, y \in [-3, 3]$

实验 9-100： 假设仅仅根据头发长短和声音粗细来判断一个人的性别，现已统计了 8 个人的相关特征数据，性别先验数据集如表 9-5 所示。请对此建立决策树算法模型，并编程实现。

表 9-5　性别先验数据集

头发	声音	性别
长	粗	男
短	粗	男
短	粗	男
长	细	女
短	细	女
短	粗	女
长	粗	女
长	粗	女

综合实践案例篇

第 10 章　非负大整数运算

10.1　实　验　目　的

大整数又称高精度整数，其含义就是用基本数据类型无法存储其精度的整数。本例假定输入的操作数不超过 50 位。这类大整数在 C 语言系统中会超界溢出，因而不能直接表达和计算。

在 Dev-C 环境中，long long int 数据类型的表示范围为 $-2^{63} \sim 2^{63}-1$，即 $-9\,223\,372\,036\,854\,775\,808 \sim 9\,223\,372\,036\,854\,775\,807$；unsigned long long int 的表示范围为 $0 \sim 2^{64}-1$，即 $0 \sim 18\,446\,744\,073\,709\,551\,615$。

(1)运行环境：Dev-C

(2)编程语言：C 语言

(3)功能要求：主函数输入两个非负大整数，并提供功能菜单供用户选择，用户可以选择调用以下各个运算功能，对这两个非负大整数进行相应的计算，并输出结果。系统应提供加法、减法、乘法运算功能。

加法：对主函数输入的非负大整数进行加法运算，并输出结果。

减法：对主函数输入的非负大整数进行减法运算，并输出结果。

乘法：对主函数输入的非负大整数进行乘法运算，并输出结果。

10.2　总　体　设　计

根据题目的功能要求，按功能划分，将模块划分为主模块、加法模块、减法模块、乘法模块。其系统功能结构框图如图 10-1 所示。

各个模块的功能说明如下。

(1)主模块。主函数控制加法模块、减法模块、乘法模块的使用。通过输入获取运算类型和两个操作数，判别所要进行的运算，调用相应的运算函数，并将返回的结果输出到屏幕上。

(2)加法模块。加法函数，对主函数输入的非负大整数进行加法运算，使用两个字符串存储两个加数，并将和作为结果返回主函数进行输出。在具体运算时，首先将长度较短的操作数

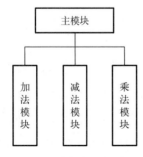

图 10-1　系统功能结构框图

进行补位，然后将对应位置的字符型"数字"转化成整型"数字"，从末位开始进行相加操作。相加过程中用一个变量来存储是否进位，从低位到高位不断相加，直到首位。

（3）减法模块。减法函数，对主函数输入的非负大整数进行减法运算，使用两个字符串存储被减数和减数，并将差作为结果返回主函数进行输出。在具体运算时，首先将长度较短的操作数进行补位，然后将对应位置的字符型"数字"转化成整型"数字"，从末位开始进行相减操作。相减过程中用一个变量来存储是否借位，从低位到高位不断相减，直到首位。

（4）乘法模块。乘法函数，对主函数输入的非负大整数进行乘法运算，乘法运算是通过调用加法函数实现的，函数将乘积作为结果返回主函数进行输出。在具体运算时，将第 2 个乘数中的一位与第 1 个乘数相乘，并使用一个二维数组的行来存储每一位得到的相乘结果，最后将这个二维数组各行相加，即把第 2 个乘数中各个位与第 1 个乘数相乘结果相加，就得到了两数之积。

10.3　数据结构设计

拟以字符串形式输入、存放和输出非负大整数，计算时将字符串中的每位字符型"数字"转换成整型"数字"进行运算，结果再转换回字符存放和输出。数据结构定义如下：

```
char g[2];                    //存储运算符号
char a[50],b[50];             //存储输入的两个非负大整数
char *e;                      //存储输出结果
```

以加法运算为例，对 5 807 524 389 042 146 789 与 9 752 114 568 900 865 422 进行加法运算。程序用"gets(g);"、"gets(a);"和"gets(b);"3 条输入语句分别接收运算符、加数一、加数二的值，并分别存储在数组 g、a 和 b 中。输入后运算符、两个加数及运算结果以字符串的形式存放在内存中，如图 10-2～图 10-5 所示。

图 10-2　输入的运算符内存存储方式示意图

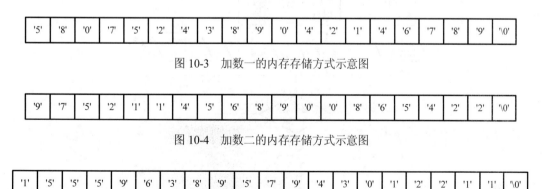

图 10-3　加数一的内存存储方式示意图

图 10-4　加数二的内存存储方式示意图

图 10-5　和的内存存储方式示意图

10.4　功能模块详细设计

10.4.1　总体功能设计

根据功能需求，分为四大功能模块，如表 10-1 所示。

表 10-1　非负大整数功能模块划分

函数名(功能模块)	功能描述	函数名(功能模块)	功能描述
main( )	主控函数	minus( )	减法运算
plus( )	加法运算	mul( )	乘法运算

10.4.2　模块设计思想与流程

1. 主函数 main( )

主函数根据用户选择的运算功能，对输入的两个大整数进行相应的计算，并输出结果。具体实现是利用 switch 语句，通过输入获取运算类型，判别所要进行的运算，调用相应的函数，将输入的两个非负大整数作为参数传给加法、减法或乘法函数，进行相应的运算。其处理流程如图 10-6 所示。

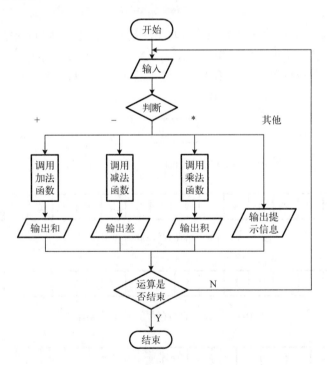

图 10-6　主函数处理流程

2. 加法函数 plus()

　　将长度较短的字符串前面用 0 填补至长度与另一个字符串一致，并设置字符串 e 的值为 1；从末位开始，从右至左，将字符串中的每位字符型"数字"转换成整型"数字"进行加法运算，将计算结果再转换回字符依次储存在字符串 d 中，并将当前进位值记录在变量 t 中，在下一位的相加运算中加上该进位值；根据首位是否进位，执行相应操作，若有进位，将字符串 e 和 d 连接，否则，将 d 复制到 e 中，返回值 e 即为存储了两个加数之和的字符串。

　　以 123 456+789 为例，将字符串"789"用'0'填补成"000789"；首先将两个数的末位'6'和'9'转化成整型数 6 和 9 相加，将两数之和'5'记录在字符串 d 中，由于有进位，t 置为 1；再将次末位'5'和'8'转换成整型数 5 和 8 求和并与 t 相加，将其和'4'记录在字符串 d 中，由于有进位，t 置为 1……直至所有位的数都进行了加法运算。这时判断首位是否有进位，如果有进位将字符串 e（即"1"）与字符串 d 相连，否则，直接将 d 复制到字符串 e 中，e 为函数返回值。

　　加法运算函数首部为：char* plus(char *x, char *y)，其中形参 x 指向第 1 个加数，形参 y 指向第 2 个加数。此函数将被主函数和乘法函数调用。其处理流程如图 10-7 所示。

3. 减法函数 minus()

　　将长度较短的字符串前面用 0 填补至长度与另一个字符串一致，并使字符串 e 的值为"-"；从末位开始，从右至左，将字符串中的每位字符型"数字"转换成整型"数字"进行减法运算，将计算结果再转回字符依次储存在字符串 d 中，并将当前借位值记录在变量 t 中，在下一位的相减运算中减去该借位值；根据首位是否借位，执行相应操作，若有借位，将 e（即"-"）和 d 做字符串连接操作，否则，将 d 复制到 e 中，返回值 e 即为存储了两个操作数之差的字符串。

　　减法函数的设计思想与加法类似，但是需要将运算结果前面多余的 0 去除，例如运算结果为"007"，需要转化成"7"，再输出。

　　减法运算函数首部为：char* minus(char *x, char *y)，其中形参 x 指向被减数，形参 y 指向减数。此函数将被主函数调用。其处理流程如图 10-8 所示。

4. 乘法函数 mul()

　　乘法运算是基于加法运算进行的，因此在乘法函数中调用了加法函数。从第 2 个乘数的末位开始，每次和第 1 个乘数相乘，都利用循环语句转换成加法运算，并在后面填补所缺少的 0，0 的个数由参与运算的字符在第 2 个乘数中的位置确定。当第 2 个乘数的所有位都进行了乘法操作后，将各个位与第 1 个乘数的相乘结果相加就得到了两个乘数之积。

　　以 123 456×789 为例，从 789 的个位 9 开始，通过调用加法函数，将 123456 相加 9 次，相乘的结果存入字符串 m 中，字符数组 n 用来存放需要填补的 0，由于 9 位于个位，结果不需要添加 0，n 中存放的为空字符串，将 m 和 n 两个字符串相连结果存入二维字符数组 t 的行中；然后是 789 中的十位 8，通过调用加法函数，将 123456 相加 8 次，相乘的结果存入字符串 m 中，由于 8 位于十位，结果需要添加 1 个 0，n 中存放的字符串为"0"，将 m 和 n 两个字符串相连结果存入二维字符数组 t 的行中；接下来是 789 中的百位 7，通过调用加法函数，将 123456 相加 7 次，相乘的结果存入字符串 m 中，由于 7 位于百位，结果需要添加 2 个 0，n 中存放的字符串为"00"，将 m 和 n 两个字符串相连结果存入二维字符数组 t 的行中；最后再次调用加法函数，将二维字符数组前 3 行相加，即得到了 123 456×789 的积。

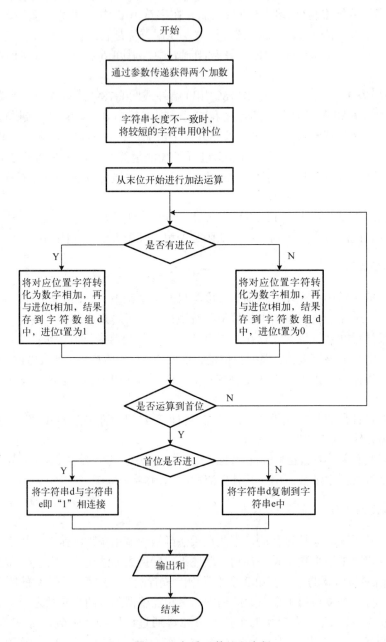

图 10-7　加法函数处理流程

乘法运算函数首部为：char* mul(char *x, char *y)，其中形参 x 指向第 1 个乘数，形参 y 指向第 2 个乘数。此函数将被主函数调用，其处理流程如图 10-9 所示。

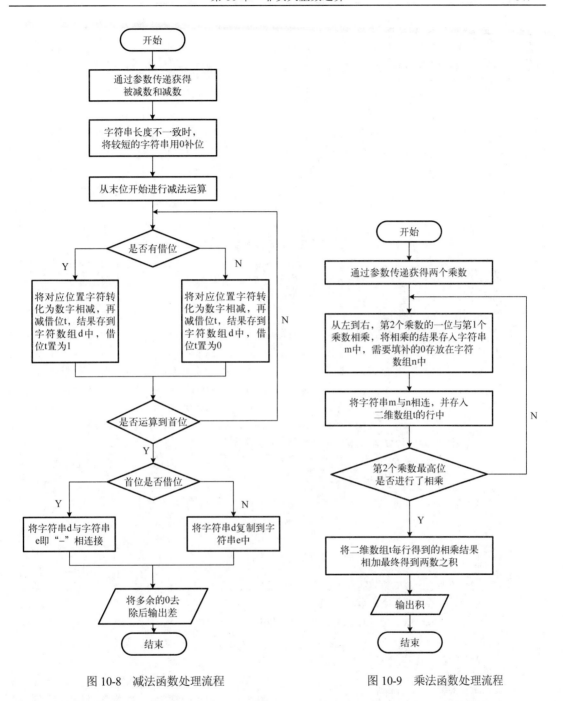

图 10-8 减法函数处理流程   图 10-9 乘法函数处理流程

10.5 代 码 实 现

```
#include<stdio.h>
#include<stdlib.h>
#include<string.h>
//主函数
```

```c
int main( ){
    char* plus(char *x,char *y);
    char* minus(char *x,char *y);
    char* mul(char *x,char *y);
    char g[2];
    char a[50],b[50];
    printf("非负大整数运算器\n");
    printf("\n");
    while(1){
        printf("请从+、-、*中选择一个运算类型: ");    //获取运算类型
        gets(g);
        printf("\n");
        printf("请输入要运算的非负大整数 a:");
        gets(a);
        printf("\n");
        printf("请输入要运算的非负大整数 b:");
        gets(b);
        printf("\n");
        printf("运算结果为: ");
        switch(g[0]) {                          //根据输入的运算类型，调用相应函数
            case '+': puts(plus(a,b)),free(plus(a,b)); break;
            case '-': puts(minus(a,b)),free(minus(a,b)); break;
            case '*': puts(mul(a,b)),free(mul(a,b)); break;
            default:printf("输入运算类型有误! ");
        }
        printf("\n");
    }
}
/*
 * 加法函数
 * 函数名称: plus
 * 函数功能: 对主函数输入的非负大整数进行加法运算
 * 形式参数: 两个字符串，存储两个加数
 * 返 回 值: 以字符串的形式返回两个加数的和
 */
char* plus(char *x,char *y){
    int t,i;
    char a[50],b[50];
    char *e;
    e = (char *)malloc(100);
    e[0] = '1';
    e[1] = '\0';                                //设置字符串 e 为"1"
    char c[50];
    if(strlen(x)>strlen(y)){
        strcpy(a,x);
```

```
            strcpy(b,y);
        }else{
            strcpy(a,y);
            strcpy(b,x);
        }
        //将长度较短的字符串前面用 0 填补至长度与另一个字符串一致
        for(i = 0;i<(strlen(a)-strlen(b));i++) {
            c[i] = '0';
        }
        c[strlen(a)-strlen(b)] = '\0';
        strcat(c,b);
        char d[50];
        //将两个数从末位开始相加，将各个位的结果存到字符数组 d 中
        for(i = strlen(a)-1,t = 0;i> = 0;i--) {
            if(i! = (strlen(a)-1)) {
                if((a[i+1]-48+c[i+1]-48+t)> = 10) {
                    t = 1;          //有进位，将 t 置为 1
                } else {
                    t = 0;          //无进位，将 t 置为 0
                }
                d[i] = (a[i]-48+c[i]-48+t)%10+48;
            } else
                d[i] = (a[i]-48+c[i]-48)%10+48;
        }
        d[strlen(a)] = '\0';
        if((a[i+1]-48+c[i+1]-48+t)> = 10) {
                            //如果首位有进位，将字符串 d 与字符串 e，即"1"相连接
            strcat(e,d);
        } else {            //如果首位无进位，将字符串 d 复制到字符串 e 中
            strcpy(e,d);
        }
        return(e);
}
/*
 * 减法函数
 * 函数名称：minus
 * 函数功能：对主函数输入的非负大整数进行减法运算
 * 形式参数：两个字符串，分别存储被减数和减数
 * 返 回 值：以字符串的形式返回两数之差
 */
char* minus(char *x,char *y){
    int t,i;
    char a[50],b[50];
    char *e;
    e = (char *)malloc(100);
```

```
        e[0] = '-';
        e[1] = '\0';                        //设置字符串 e 为"-"
        char c[50];
        //需要判断同长度且 x 大于 y 的字符串
        if((strlen(x)>strlen(y))||((strlen(x) == strlen(y))&&(strcmp(x,y)
>0)))) {
            strcpy(a,x);
            strcpy(b,y);
        } else{
            strcpy(a,y);
            strcpy(b,x);
        }
        //将长度较短的字符串前面用 0 填补至长度与另一个字符串一致
        for(i = 0;i<(strlen(a)-strlen(b));i++) {
            c[i] = '0';
        }
        c[strlen(a)-strlen(b)] = '\0';
        strcat(c,b);
        char d[50];
        //将两个数从末位开始相减，将各个位的结果存到字符数组 d 中
        for(i = strlen(a)-1;i> = 0;i--) {
            if(i == strlen(a)-1) {
                if(a[i]<c[i]) {
                t = 1;                   //有借位，将 t 置为 1
                d[i] = a[i]-48+10-(c[i]-48)+48;
                } else {
                    t = 0;              //无借位，将 t 置为 0
                    d[i] = a[i]-48-(c[i]-48)+48;
                }
            } else {
                if(a[i]-t-c[i]<0) {
                    d[i] = a[i]-48-t+10-(c[i]-48)+48;
                    t = 1;
                } else {
                    d[i] = a[i]-c[i]-t+48;
                    t = 0;
                }
            }
        }
        d[strlen(a)] = '\0';
        if(strlen(x)! = strlen(y)) {
            if(strlen(x)>strlen(y)) {
            strcpy(e,d);               //如果首位无借位，将字符串 d 复制到字符串 e 中
            } else if(strlen(x)<strlen(y)) {
                strcat(e,d);           //如果首位有借位，将字符串 d 与字符串 e 即"-"
```

相连接

```
        }
    } else {
        if(strcmp(x,y)>0)
            strcpy(e,d);              //如果首位无借位，将字符串 d 复制到字符串 e 中
        else
            strcat(e,d);              //如果首位有借位，将字符串 d 与字符串 e 即"-"
```

相连接

```
    }
    //后面的(strcmp(x,y)! = 0)确保差为 0 时，e 不需要进行下面的循环
    if((e[0]! = '-')&&(strcmp(x, y)! = 0))
        while(*e == '0') {           //将用来填位的 0 消除
            i = 0;
            while(e[i]! = 0) {
                e[i] = e[i+1];
                i++;
            }
        }
    if(e[0] == '-')                   //差为负数时，将用来填位的 0 消除
        while(*(e+1) == '0') {
            i = 1;
            while(e[i]! = 0) {
                e[i] = e[i+1];
                i++;
            }
        }
    if(strcmp(x,y) == 0)              //如果两个字符串相同则直接让结果 e 变为 0 即可
        e[0] = '0';
    return(e);
}
/*
 * 乘法函数
 * 函数名称：mul
 * 函数功能：对主函数输入的非负大整数进行乘法运算
 * 形式参数：两个字符串，存储两个乘数
 * 返 回 值：以字符串的形式返回两数之积
 */
char* mul(char *x,char *y) {
    int i,j,k;
    char *m,n[200],*e;
    e = (char *)malloc(200);
    e = "0";
    char t[50][200];
    for(i = strlen(y)-1;i> = 0;i--) {
        m = "0";
```

```
        for(j = 1;j< = (y[i]-48);j++) {
            m = plus(m,x);           //用加法运算实现乘法运算
        }
        if(i< = (strlen(y)-2)&&strcmp(m,"0")! = 0) {
            //将第 2 个乘数中的一位与第 1 个乘数相乘，结果需要补的 0 存入字符串 n 中
            for(k = 0;k<(strlen(y)-i-1);k++) {
                n[k] = '0';
            }
            n[(strlen(y)-i-1)] = '\0';
            //将字符串 m 与字符串 n 相连，即得到第 2 个乘数中的一位与第 1 个乘数相乘
结果
            strcat(m,n);
        }
        strcpy(t[i],m);
    }
    //将第 2 个乘数中各个位与第 1 个乘数相乘结果相加，即得到了两数之积
    for(i = 0;i<strlen(y);i++) {
        e = plus(e,t[i]);
    }
    return(e);
}
```

10.6 测 试 验 证

10.6.1 加法运算验证

按照提示，选择"+"，输入两个非负大整数：

请从+、−、*中选择一个运算类型: +
请输入要运算的非负大整数 a:45807524389042146789
请输入要运算的非负大整数 b:35673109752114568900865422

运算结果为：35673155559638957943012211

从以上运行结果可以看出，当选择"+"运算时，对输入的非负大整数进行了加法运算，并输出了正确的结果。

10.6.2 减法运算验证

按照提示，选择"−"，输入两个非负大整数：

请从+、−、*中选择一个运算类型: −
请输入要运算的非负大整数 a:45807524389042146789
请输入要运算的非负大整数 b:35673109752114568900865422

运算结果为：−35673063944590179858718633

从以上运行结果可以看出，当选择 "−" 运算时，对输入的非负大整数进行了减法运算，并输出了正确的结果。

10.6.3　乘法运算验证

按照提示，选择 "*"，输入两个非负大整数：

请从+、−、*中选择一个运算类型：*
请输入要运算的非负大整数 a:45807524389042146789
请输入要运算的非负大整数 b:35673109752114568900865422

运算结果为：1634096845002965366278309956511067894858429958

从以上运行结果可以看出，当选择 "*" 运算时，对输入的非负大整数进行了乘法运算，并输出了正确的结果。

第 11 章　机器人路径规划

11.1　实　验　目　的

机器人路径规划是指机器人在障碍环境下，按照一种或多种性能指标(如最短路径、最短时间等)，寻找一条从起点到终点的最优无碰撞路径。本例假定性能指标为最短路径。

(1)运行环境要求：Dev-C

(2)编程语言要求：C 语言

(3)功能要求：主函数输入地图长度 m 和宽度 n，地图用二维数组 map[m][n]表示，在地图内随机生成 10%的障碍物点。机器人起点为 map[0][0]，终点为 map[m−1][n−1]，输出机器人经过的最短路径上所有点的坐标，并进行可视化，要求路径中不包含障碍物点。

11.2　总　体　设　计

根据题目的功能要求，按功能划分，将模块划分为地图生成模块、路径查找模块和可视化模块。其系统功能结构框图如图 11-1 所示。

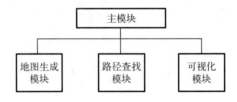

图 11-1　功能结构

各个模块的功能说明如下：

(1)主模块。主函数控制地图生成模块、路径查找模块、可视化模块的使用。将输入地图的长度和宽度作为参数传给地图生成模块。

(2)地图生成模块。根据主模块传递的参数生成包含障碍点的随机地图。

(3)路径查找模块。在已经生成的随机地图基础上查找最短路径，将最短路径经过的所有坐标点输出。

(4)可视化模块。将最短路径可视化，在地图中显示出来。

11.3　数　据　结　构

链表节点和地图定义如下：

```
struct Node{                          //链表节点
    int i;
```

```
        int j;
        struct Node *next;
    };
    int maxi = 0,maxj = 0;              //地图长 maxi，宽 maxj
    int map[maxi][maxj];                //地图二维数组
```

11.4　功能模块详细设计

1. 功能设计

根据功能需求，分为 4 个功能模块，如表 11-1 所示。

表 11-1　模块划分

函数名(功能模块)	功能描述	函数名(功能模块)	功能描述
main( )	主控函数	path_finding( )	最短路径查找
generate_map( )	地图生成	visualize ( )	可视化

2. 各个函数设计思想与处理流程

主函数–main( )输入地图大小，调用地图生成函数 generate_map( )，调用最短路径查找函数 path_finding( )，可视化输出预处理后的地图。其处理流程如图 11-2 所示。

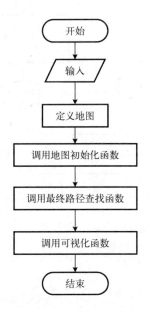

图 11-2　主函数处理流程图

(1)地图生成函数 generate_map( )。

根据输入的地图尺寸在地图中随机生成障碍物，得到最终的地图模型。将地图障碍物点设为–1，表示不可达，可自由活动区域设为 0 表示还没经过预处理。其处理流程如图 11-3 所示。

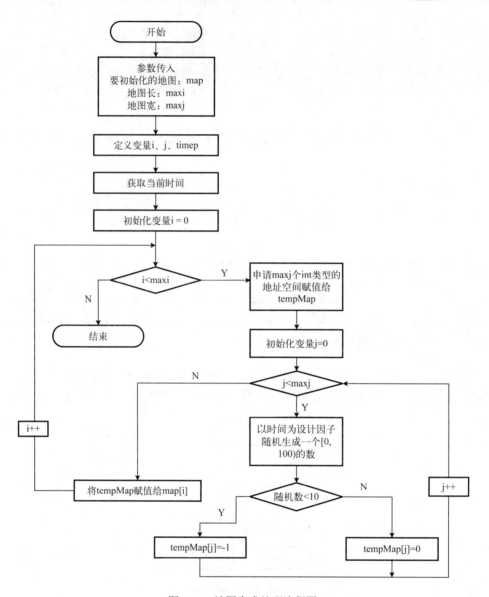

图 11-3　地图生成处理流程图

(2)最短路径查找函数 path_finding()。

从终点出发逐个计算距离终点的最短距离。

计算各节点最短距离的方法：

①将终点加入链表中，将距离设为 1。

②从链表头取一个节点。

③依检查当前节点 4 个方向，找到未初始化的节点或离终点距离大于当前节点离终点距离+1，在地图上标记新的最短距离，将该点加入链表末端。

④头指针向后移动一位。

⑤检查头指针是否为空，不为空则转到②。

由起点出发找到最短距离：

①设置起点坐标(x, y)。

②从当前坐标(x, y)出发在(x+1, y), (x−1, y), (x, y+1), (x, y−1)中和法坐标中找到标记数值小于当前坐标标记数值的坐标。

③将其设为节点标记并移动到该位置,重设置当前所在位置。

④判断当前位置是否是终点,如果不是转到②,否则输出路径。

由以上两步得到最短路径。其处理流程如图 11-4 所示。

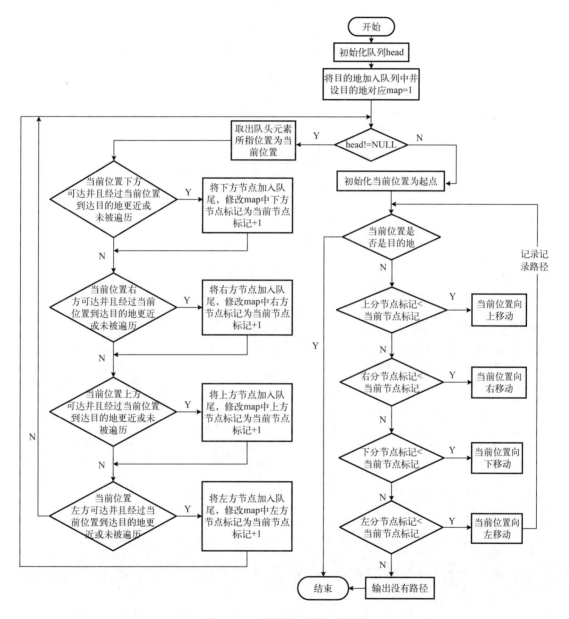

图 11-4　最短路径查找处理流程

(3)可视化函数 visualize()。

逐个输出地图上的标记和行走轨迹,其处理流程如图 11-5 所示。

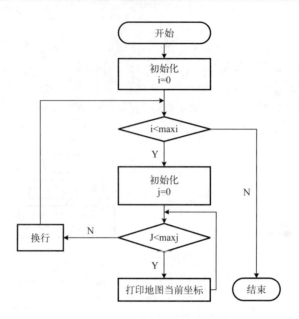

图 11-5　可视化处理流程图

11.5　代 码 实 现

```
#include <stdio.h>
#include <stdlib.h>
#include <conio.h>
#include <string.h>
#include <time.h>
#include <windows.h>
struct Node{
    int i;
    int j;
    struct Node *next;
};
void genterate_map(int* map[],int maxi,int maxj);
voidpath_finding(int*map[],char*cmap[],intmaxi,intmaxj,inttargei,int
targej);
    void visualizeC(char* cmap[],int maxi,int maxj,int isCls);
    void visualizeI(int* cmap[],int maxi,int maxj,int isCls);
    int main( ){
//   int targei = 9,targej = 9;
    int maxi = 10,maxj = 10;
//   int maxi = 0,maxj = 0;              //地图长 maxi，宽 maxj
    printf("请输入 m ＊ n 地图的长 m:");
    scanf("%d",&maxi);
    printf("请输入 m ＊ n 地图的宽 n:");
    scanf("%d",&maxj);
```

```
        int stari = 0,starj = 0;                          //起点(0，0)
        int targei = maxi - 1,targej = maxj - 1;      //终点
        int* map[maxi];
        char* cmap[maxi];
        genterate_map(map,maxi,maxj);
        path_finding(map,cmap,maxi,maxj,targei,targej);
        visualizeI(map,maxi,maxj,0);
        return 0;
    }
    voidpath_finding(int* map[],char* cmap[],int maxi,int maxj,int targei,int
targej){
        int i = 0,j = 0;
        struct Node* head = (struct Node*)malloc(sizeof(struct Node));
        head->i = targei;
        head->j = targej;
        head->next = NULL;
        struct Node* end;
        end = head;
        map[targei][targej] = 1;
        char printMag[10000];
        while(head! = NULL){
            if(head->i+1<maxi && (map[head->i+1][head->j] == 0 || map[head->
i+1][head->j]>map[head->i][head->j]+1)){
                struct Node* node = (struct Node*)malloc(sizeof(struct Node));
                node->i = head->i+1;
                node->j = head->j;
                node->next = end->next;
                end->next = node;
                end = end->next;
                map[head->i+1][head->j] = map[head->i][head->j]+1;
            }
            if(head->j+1<maxj && (map[head->i][head->j+1] == 0 || map[head->i]
[head->j+1]>map[head->i][head->j]+1)){
                struct Node* node = (struct Node*)malloc(sizeof(struct Node));
                node->i = head->i;
                node->j = head->j+1;
                node->next = end->next;
                end->next = node;
                end = end->next;
                map[head->i][head->j+1] = map[head->i][head->j]+1;
            }
            if(head->i-1>= 0 && (map[head->i-1][head->j] == 0 || map[head->i-1]
[head->j]>map[head->i][head->j]+1)){
                struct Node* node = (struct Node*)malloc(sizeof(struct Node));
                node->i = head->i-1;
                node->j = head->j;
```

```
                node->next = end->next;
                end->next = node;
                end = end->next;
                map[head->i-1][head->j] = map[head->i][head->j]+1;
            }
            if(head->j-1>= 0 && (map[head->i][head->j-1] == 0 || map[head->i]
[head->j-1]>map[head->i][head->j]+1)){
                struct Node* node = (struct Node*)malloc(sizeof(struct Node));
                node->i = head->i;
                node->j = head->j-1;
                node->next = end->next;
                end->next = node;
                end = end->next;
                map[head->i][head->j-1] = map[head->i][head->j]+1;
            }
            head = head->next;
            system("cls");
            for(i = 0;i<maxi;i++){
                for(j = 0;j<maxj;j++){
                    printf("%d\t",map[i][j]);
                }
                printf("\n");
            }
        }
        for(i = 0;i<maxi;i++){
            char* tempCmap = (char*)malloc(sizeof(char)*maxj);
            for(j = 0;j<maxj;j++){
                if(map[i][j] == -1) tempCmap[j] = 'V';
                else tempCmap[j] = '_';
            }
            cmap[i] = tempCmap;
        }
        printf("1234");
        char ret[1000];
        char temp[20];
        int stari = 0,starj = 0;
        int index = 0;
        cmap[stari][starj] = '@';
        sprintf(temp,"[%d,%d]-->",stari,starj);
        while(stari! = targei || starj! = targej){
            sprintf(ret+index,"%s",temp);
            index+ = strlen(temp);
            memset(temp,0,20);
            if(stari+1<maxi && map[stari+1][starj]! = -1 && map[stari+1]
[starj]< map[stari][starj]){
                stari+ = 1;
```

```
            }
            else if(starj+1<maxj &&map[stari][starj+1]! = -1 && map[stari]
[starj+1]< map[stari][starj]){
                starj+ = 1;
            }
            else if(stari-1> = 0 &&map[stari-1][starj]! = -1 && map[stari-1]
[starj]< map[stari][starj]){
                stari- = 1;
            }
            else if(starj-1> = 0 && map[stari][starj-1]! = -1 && map[stari]
[starj-1]< map[stari][starj]){
                starj- = 1;
            }else{
                printf("No Pass");
                return ;
            }
            sprintf(temp,"[%d,%d]-->",stari,starj);
            cmap[stari][starj] = '@';
            visualizeC(cmap,maxi,maxj,1);
        }
        sprintf(ret+index,"[%d,%d]",targei,targej);
        printf("路径为：  %s\n",ret);
    }
    void genterate_map(int* map[],int maxi,int maxj){
        int i = 0,j = 0;
        time_t timep;
        time(&timep);
        struct tm* p = gmtime(&timep);
        for(i = 0;i<maxi;i++){
            int* tempMap = (int*)malloc(sizeof(int)*maxj);
            for(j = 0;j<maxj;j++){
                tempMap[j] = (rand( )+p->tm_sec)%100<10?-1:0;
            }
            map[i] = tempMap;
        }
    }
    void visualizeC(char* cmap[],int maxi,int maxj,int isCls){
        int i = 0,j = 0;
        if(isCls == 1) system("cls");
        for(i = 0;i<maxi;i++){
            for(j = 0;j<maxj;j++){
                printf("%c\t",cmap[i][j]);
            }
            printf("\n");
        }
        Sleep(1);
```

```
}
void visualizeI(int* cmap[],int maxi,int maxj,int isCls){
    int i = 0,j = 0;
    if(isCls == 1) system("cls");
    for(i = 0;i<maxi;i++){
        for(j = 0;j<maxj;j++){
            printf("%d\t",cmap[i][j]);
        }
        printf("\n");
    }
    Sleep(1);
}
```

11.6　测　试　验　证

按照提示输入地图的长度和宽度，程序运行结果的主要内容如下：

请输入 m * n 地图的长 m:10
请输入 m * n 地图的宽 n:8

V	@	—	—	V	V	—	V
—	@	—	—	—	—	—	—
—	@	—	—	—	—	—	—
—	@	@	@	@	@	@	@

路径为 :
[0,0]-->[1,0]-->[2,0]-->[3,0]-->[4,0]-->[5,0]-->[5,1]-->[6,1]-->[7,1]
-->[8,1]-->[8,2]-->[8,3]-->[8,4]-->[9,4]-->[9,5]-->[9,6]-->[9,7]

17	16	15	14	13	12	13	14
16	15	14	13	12	11	12	13
15	14	13	12	11	10	11	-1
14	13	12	11	10	9	-1	7
13	12	11	10	9	8	7	6
12	11	10	9	8	7	6	5
-1	10	-1	8	7	6	5	4
10	9	8	7	6	5	4	3
9	8	7	6	5	-1	-1	2
10	9	8	-1	4	3	2	1

第 12 章   学生成绩管理系统

12.1   实 验 目 的

本系统运行在 DOS 环境下，人机界面为命令行文本界面。所需完成的任务是实现对若干个学生、若干门课程的成绩管理。为了便于学习和掌握不同的数据结构对数据存储和处理方面的不同特点及相关知识，本案例分别给出了两种不同的代码实现方式，分别采用不同的数据结构存储学生和成绩信息，一种是基于结构体数组，另一种是基于单链表结构。另外，这两种实现方式都使用了二进制数据文件对数据进行持久化存储。

本系统的编程语言及运行环境如下。

(1) 编程语言：C 语言(C99 标准)。

(2) 开发工具：Dev-C++ 5.4.0。

(3) 软件环境：Windows 11 家庭中文版(64 位)。

(4) 硬件环境：处理器，Intel(R) Core(TM) i7-8550U CPU @1.80GHz 1.99GHz；内存，8.00GB。

12.2   总 体 设 计

下面分别简要介绍采用两种不同的数据结构的系统总体设计情况。

12.2.1   基于结构体数组的系统总体设计

数组的优点是随机访问效率高，查找速度快；但缺点是对内存空间要求高，必须预留足够的连续内存空间，因此空间利用率不高。数组的空间大小是固定的，不能进行动态扩展。另外，使用数组进行数据的插入和删除效率低，往往需要对数据进行向前或向后移动。

1. 基于结构体数组的功能模块组成

在基于结构体数组实现方式中，使用了 Dev-C++开发环境所提供的项目管理功能，选择 Dev 菜单中的"File(文件)"→ "New(新建)"→ "Project(项目)"子菜单，创建了一个名为 ScoreManagement1 的项目，并在该项目中创建 7 个源代码文件，如图 12-1 所示。

根据功能需求，系统包括增加、删除、查询、排序、显示记录五大功能模块，并分别在不同的源文件中编写这些函数模块，如表 12-1 所示。

图 12-1   ScoreManagement1 项目源文件组成

表 12-1　基于结构体数组的系统功能模块组成

源文件名称	函数名(功能模块)	功能描述
Stu_main.c	main( )	主控函数
Stu_add.c	addCard( )	增加学生记录。增加一个或几个学生记录
Stu_data.h	无	头文件，定义了一个名为 grade 的结构体类型
Stu_del.c	deleteCard( )	删除学生记录。删除已录入的学生记录
Stu_noPass.c	noPass( )	显示不及格学生名单
Stu_search.c	displayCard( )	查找学生记录。根据输入的学号查找某一学生记录
Stu_sort.c	sortCard( )	显示学生名次。输出所有需要补考的学生记录

2. 主要数据结构定义

(1)在头文件 Stu_data.h 中定义结构体类型 grade，它所包含的数据成员如下：

```
struct grade{
    char sno[4];            //学号
    char name[20];          //姓名
    float chinese_grade;    //语文成绩
    float math_grade;       //数学成绩
    float english_grade;    //英语成绩
    float c_grade;          //C 语言成绩
    float total_grade;      //总分数
    float average_grade;    //平均分数
};
```

(2)在各个功能函数模块中通过包含头文件 Stu_data.h，可以引用 grade 型定义结构体数组，用于存储和处理学生和成绩信息。例如，在函数中定义包含 100 个学生的结构体数组的语句为 "struct grade student[100];"，显然这需要申请能够容纳 100 个结构体类型数组元素的连续内存空间。

(3)对系统菜单，没有设计具体的数据结构，而是简单采用 printf 函数在屏幕上直接打印输出显示菜单选项。主界面采用文本菜单形式，通过用户输入菜单选项，来调用相应的功能模块。主菜单设计如图 12-2 所示。

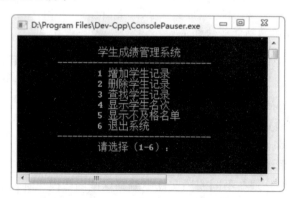

图 12-2　ScoreManagement1 项目主菜单设计

12.2.2　基于单链表结构的系统总体设计

由于学生人数不确定，且需要频繁地对学生记录进行插入和删除操作，因此采用链式存储比数组存储方式更优越。这是因为链表具有 3 个优点：一是不需要申请连续的内存空间来存储各个结点，可以更好地利用内存资源；二是链表长度也不需要事先定义，扩展方便；三是可以很方便地增删链表结点。当然，链表也有缺点，在数据的随机访问和查找速度方面，链表不如数组。

1. 基于单链表结构的功能模块组成

在基于结构体数组实现方式中，创建了一个名为 ScoreManagement2 的项目，并在该项目中仅创建了 1 个源代码文件 Stu_main.c，所有功能函数模块均在该源文件中编写，如图 12-3 所示。

图 12-3　ScoreManagement2 项目源文件组成

根据功能需求，系统包括 12 个功能模块，如表 12-2 所示。

表 12-2　基于单链表结构的系统功能模块组成

函数名(功能模块)	功能描述
main( )	主控函数
menu_control( )	菜单选择与控制函数
input_score( )	学生信息录入函数
create	创建链表
add	插入学生记录。增加一个或几个学生记录
search	查询学生记录。根据输入的学号查找某一学生记录
del	删除学生记录。删除已录入的学生记录
update	修改学生记录。根据输入的学号修改某一学生记录
display	显示学生记录。输出所有需要补考的学生记录
sort	排序学生记录。按平均成绩由高到低排序并输出名次表
save	存储学生记录
load	导入学生记录

2. 主要数据结构定义

(1)定义结构体类型 grade。

在所有函数的外部定义一个全局的结构体类型 grade，它所包含的数据成员如下：

```
typedef struct grade{
    char sno[4];              //学号
    char name[20];            //姓名
    float chinese_grade;      //语文成绩
    float english_grade;      //英语成绩
    float math_grade;         //数学成绩
    float c_grade;            //C 语言成绩
    float total_grade;        //总成绩
```

```
    float average_grade;        //平均成绩
    struct grade *next;         //指针变量，保存结点地址
}STUDENT;
```

（2）单链表结构定义。

在所有函数的外部定义一个全局的链表头指针，所有函数均可引用该指针。

（3）定义系统菜单。

系统菜单采用字符串数组结构，这样更便于管理菜单项，更便于日后增加多个系统菜单的切换及动态修改菜单项等功能，以适应程序的需要。

```
char *menu[] = {
        " 1. creat link",
        " 2. add record",
        " 3. delete record",
        " 4. update record",
        " 5. search record",
        " 6. list record",
        " 7. sort linklist",
        " 8. save to file",
        " 9. load from file",
        "10. quit"
};
```

系统菜单的运行效果如图 12-4 所示。

图 12-4　ScoreManagement2 项目主菜单设计

12.3　模块详细设计

下面以基于结构体数组的模块详细设计为例，介绍主控函数模块、增加学生记录模块、删除学生记录模块、排序学生记录模块的算法流程。对于查询记录模块和显示不及格学生模块的处理流程，请读者自主研究代码并设计流程图。

1. Stu_main.c 文件的主控函数模块处理流程

如图 12-5 所示，对于主菜单采用循环结构处理菜单选项，当执行完某个菜单选项后，仍

可选择其他菜单选项。具体实现方法是在循环体内先显示提示信息，然后读取用户输入，使用 switch 语句对用户的输入选项进行判断，分别调用相应的函数模块。当某模块结束后再次回到文本菜单，直到用户选择结束程序运行，才退出循环，从而退出系统。

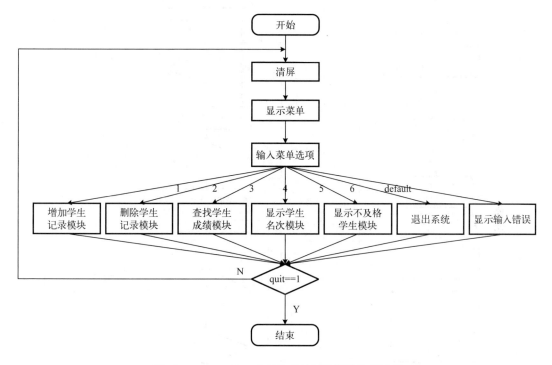

图 12-5　Stu_main.c 文件的主控函数模块处理流程

2. Stu_add.c 文件的增加学生记录模块处理流程

在增加学生记录函数模块中，首先打开学生记录二进制文件，然后读取并统计已有学生记录，最后录入一个学生的各项数据，写入数据文件后返回主菜单，如图 12-6 所示。

3. Stu_del.c 文件的删除学生记录模块处理流程

在删除学生记录函数模块中，首先打开学生记录二进制文件，如果文件打开成功，就读取现有学生人数。如果文件中存在学生记录，那么就输入学号，依据学号删除文件中的学生记录信息，最后返回主菜单，如图 12-7 所示。

4. Stu_sort.c 文件的排序学生记录模块处理流程

在删除学生记录函数模块中，首先打开学生记录二进制文件，如果文件打开成功，就读取所有学生记录，并保存在临时数组中进行排序，最后将排序结果转储到文件后，返回到主菜单，如图 12-8 所示。

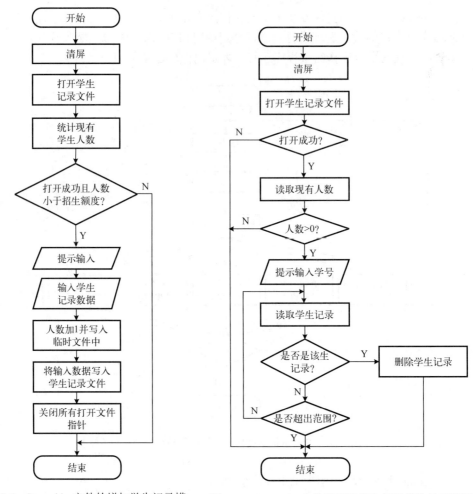

图 12-6 Stu_add.c 文件的增加学生记录模
块处理流程

图 12-7 Stu_del.c 文件的删除学生记录模块处理流程

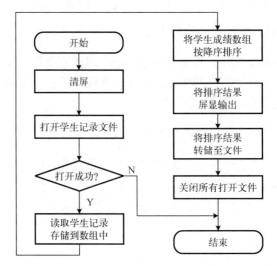

图 12-8 Stu_sort.c 文件的排序学生记录模块处理流程

12.4　代 码 实 现

12.4.1　基于结构体数组的代码实现

1. Stu_data.h 源文件

```
struct grade{
    char sno[4];                //学号
    char name[20];             //姓名
    float chinese_grade;       //语文成绩
    float math_grade;          //数学成绩
    float english_grade;       //英语成绩
    float c_grade;             //C 语言成绩
    float total_grade;         //总分数
    float average_grade;       //平均分数
};
```

2. Stu_main.c 源文件

```
//主控程序
#include <stdio.h>
//#include <stdlib.h>
//#include <string.h>
//#include <conio.h>
//主控函数
int main(int argc, char *argv[]) {
    int quit = 0;
    char choice;
    //实现主菜单
    do{
        //clrscr( );            //在 Visual C 中不能用此命令清屏
        system("cls");
        printf("\n\t\t 学生成绩管理系统");
        printf("\n\t------------------------------");
        printf("\n\t\t1 增加学生记录");
        printf("\n\t\t2 删除学生记录");
        printf("\n\t\t3 查找学生记录");
        printf("\n\t\t4 显示学生名次");
        printf("\n\t\t5 显示不及格名单");
        printf("\n\t\t6 退出系统");
        printf("\n\t------------------------------");
        printf("\n\t\t 请选择(1-6): ");
        choice = getch( );
        switch(choice){
            case '1':addCard( );break;
```

```
                case '2':deleteCard( );break;
                case '3':displayCard( );break;
                case '4':sortCard( );break;
                case '5':noPass( );break;
                case '6':quit = 1;
            }
        }while(!quit);
        return 0;
    }
```

3. Stu_add.c 源文件

```
//增加学生记录
#include <stdio.h>          //不能省略，因为该文件是单独编译的
#include <string.h>
#include <stdlib.h>
#include "Stu_data.h"
/*
 * 函数名称：addCard
 * 函数功能：增加学生记录
 * 形式参数：无
 * 返 回 值：无
 */
void addCard( ){
    FILE *fpIn,*fpOut;
    struct grade student[2];
    //student[0]用于存储从文件读出的记录
    //student[1]用于存放新增的记录
    int total,i,writeFlag = 0;        //写标记 writeFlag 初始为 0，表示未写入
    //clrscr( );//此命令在 Visual C 中不能使用，请使用下一行语句
    system("cls");
    fpIn = fopen("student_card.dat","rb");       //打开学生卡片数据文件
    if(fpIn == NULL){
        total = 0;
    }else{
        i = fread(&total,sizeof(int),1,fpIn);    //读取人数到 total 中
    }
    if(i! = 1){                                  //如果没有读取到 1 条记录
        total = 0;
    }
    fpOut = fopen("student_card.out","wb");      //打开临时文件
    if(fpOut == NULL){
        printf("\n 不能创建临时文件! \n");
        getch( );
        return;
    }
```

```
if(total == 39){
    printf("\n 学号已经用完");
    getch( );
    return;
}
printf("\n 请输入学生学号(长度不超过 4 个字符): ");
fflush(stdin);
scanf("%s",student[1].sno);
//gets(student[1].sno);
//system("cls");
printf("\n 请输入学生姓名(不超过 10 个汉字): ");
fflush(stdin);
scanf("%s",student[1].name);
//gets(student[1].name);
printf("\n 请输入语文成绩: ");
fflush(stdin);
scanf("%f",&student[1].chinese_grade);
printf("\n 请输入英语成绩: ");
fflush(stdin);
scanf("%f",&student[1].english_grade);
printf("\n 请输入数学成绩: ");
fflush(stdin);
scanf("%f",&student[1].math_grade);
printf("\n 请输入 C 语言成绩: ");
fflush(stdin);
scanf("%f",&student[1].c_grade);
fflush(stdin);
student[1].total_grade = student[1].chinese_grade+student[1].
english_grade
        +student[1].math_grade+student[1].c_grade;        //统计总分
student[1].average_grade = student[1].total_grade/4; //计算平均分
i = total+1;
fwrite(&i,sizeof(i),1,fpOut);        //将当前人数写入临时文件前端
/*以下处理是将当前新增记录与原数据文件内容按学号从小到大的顺序写入临时文件中*/
if(total! = 0){
    for(i = 0;i<total;i++){
        fread(student,sizeof(struct grade),1,fpIn);
            //从记录文件中读入一个记录到 student[0]中
        if(writeFlag == 1){
            //若新增记录已写入，则将文件中的后续记录写入临时文件
            fwrite(&student[0],sizeof(struct grade),1,fpOut);
            continue;
        }
        if(student[0].sno<student[1].sno){
            fwrite(&student[0],sizeof(struct grade),1,fpOut);
        }else{
```

```
                    fwrite(&student[1],sizeof(struct grade),1,fpOut);
                    fwrite(&student[0],sizeof(struct grade),1,fpOut);
                    writeFlag = 1;
                }
            }
        }
        if(!writeFlag){
            fwrite(&student[1],sizeof(struct grade),1,fpOut);
        }else{
            fread(student,sizeof(struct grade),1,fpIn);
            fwrite(&student[0],sizeof(struct grade),1,fpOut);
        }
        //fcloseall( );//此函数非标准函数，在 Visual C 中不能使用
        fclose(fpIn);
        fclose(fpOut);
        remove("student_card.dat");                 //删除原数据文件
        rename("student_card.out","student_card.dat");
                                          //将临时文件更名为数据文件
        printf("\n 增加成功! ");
        getch( );
    }
```

4. Stu_del.c 源文件

```
//删除学生记录
#include <stdio.h>//不能省略，因为该文件是单独编译的
#include <string.h>
#include "Stu_data.h"
/*
 * 函数名称: deleteCard
 * 函数功能: 删除学生记录
 * 形式参数: 无
 * 返 回 值: 无
 */
void deleteCard( ){
    FILE *fpIn,*fpOut;
    struct grade student[2];
    int total,i,writeFlag = 0;
    //clrscr( );       //此命令在 Visual C 中不能使用，请使用下一行语句
    system("cls");
    fpIn = fopen("student_card.dat","rb");
    if(fpIn == NULL){
        //若指针为空，则文件中没有记录可处理
        printf("\n 文件打开失败或文件中没有记录! ");
        getch( );
        //fcloseall( );       //此函数非标准函数，在 Visual C 中不能使用
        fclose(fpIn);
```

```
        fclose(fpOut);
        return;
    }else{
        i = fread(&total,sizeof(int),1,fpIn);        //读取人数到 total 中
    }
    if(i! = 1){
        printf("\n 没有学生卡片可以删除! ");
        getch( );
        //fcloseall( );                //此函数非标准函数, 在 Visual C 中不能使用
        fclose(fpIn);
        fclose(fpOut);
        return;
    }
    fpOut = fopen("student_card.out","wb");        //打开临时数据文件
    if(fpOut = NULL){
        printf("\n 不能创建临时数据文件! \n");
        getch( );
        //fcloseall( );                //此函数非标准函数, 在 Visual C 中不能使用
        fclose(fpIn);
        fclose(fpOut);
        return;
    }
    printf("\n 请输入学生学号: ");
    scanf("%s",student[1].sno);
    if(total! = 0){
        i = total-1;
        fwrite(&i,sizeof(i),1,fpOut);
                            //将删除后的人数写入临时数据文件的前端
        /*
        *以下实现删除处理, 先判断当前读出的记录是否是要删除的记录,
        * 如果是, 则将删除标记设为 1, 表示已删除, 且不将此记录写入文件;
        * 如果不是, 则将该记录写到临时数据文件中
        */
        for(i = 0;i<total;i++){
            fread(student,sizeof(struct grade),1,fpIn);
            if(strcmp(student[1].sno,student[0].sno) == 0){
                writeFlag = 1;
            }else{
                fwrite(&student[0],sizeof(struct grade),1,fpOut);
            }
        }
        if(!writeFlag){
            //若已删除标记不为 1, 则未找到此学生记录
            printf("\n 卡片库里没有这个学生! ");
            getch( );
            //fcloseall( );//此函数非标准函数, 在 Visual C 中不能使用
```

```
            fclose(fpIn);
            fclose(fpOut);
            return;
        }
        //fcloseall( );//此函数非标准函数，在 Visual C 中不能使用
        fclose(fpIn);
        fclose(fpOut);
        remove("student_card.dat");
        rename("student_card.out","student_card.dat");
        printf("\n 删除成功！");
        getch( );
    }
}
```

5. Stu_noPass.c 源文件

```
//显示不及格名单
#include <stdio.h>                        //不能省略，因为该文件是单独编译的
#include "Stu_data.h"
/*
 * 函数名称: noPass
 * 函数功能: 显示不及格学生处理函数
 * 形式参数: 无
 * 返 回 值: 无
 */
void noPass( ){
    FILE *fpIn;
    struct grade student;
    int total,i,findFlag = 0;
    //clrscr( );                          //在 Visual C 中不能用此命令清屏
    system("cls");
    fpIn = fopen("student_card.dat","rb");        //打开数据文件
    if(fpIn == NULL){
        printf("\n 卡片库打开失败！");
        getch( );
        return;
    }
    fread(&total,sizeof(int),1,fpIn);             //读取人数到 total 中
    if(total! = 0){
        //以下显示全部有部分科目不及格的学生记录
        for(i = 0;i<total;i++){
            fread(&student,sizeof(struct grade),1,fpIn);
            if((student.chinese_grade<60)||(student.english_grade<
60)||
                (student.math_grade<60)||(student.c_grade<60)){
                printf("\n 学号：%s",student.sno);
                printf("\n 姓名：%s",student.name);
```

```
                    printf("\n 语文: %.1f",student.chinese_grade);
                    printf("\n 英语: %.1f",student.english_grade);
                    printf("\n 数学: %.1f",student.math_grade);
                    printf("\nC 语言: %.1f",student.c_grade);
                    printf("\n 总成绩: %.1f",student.total_grade);
                    printf("\n 平均分: %.1f",student.average_grade);
                    printf("----------------------------");
                    findFlag = 1;
                }
            }
        }
        if(!total){
            printf("\n 卡片库没有学生! ");
            getch( );
            return;
        }
        if(!findFlag){
            printf("\n 全部学生都及格了! ");
            getch( );
        }
}
```

6. Stu_search.c 源文件

```
//查找学生成绩
#include <stdio.h>                          //不能省略,因为该文件是单独编译的
#include <string.h>
#include "Stu_data.h"
/*
 * 函数名称: displayCard
 * 函数功能: 查找学生成绩处理函数
 * 形式参数: 无
 * 返 回 值: 无
 */
void displayCard( ){
    FILE *fpIn;
    struct grade student[2];
    int total,i,findFlag = 0;
    //clrscr( );                            //在 Visual C 中不能用此命令清屏
    system("cls");
    fpIn = fopen("student_card.dat","rb");
    if(fpIn == NULL){
        printf("\n 卡片库打开失败! ");
        getch( );
        return;
    }
    fread(&total,sizeof(int),1,fpIn);     //读取人数到 total 中
```

```
        printf("\n 请输入要查找学生学号: ");
        scanf("%s",student[1].sno);
        if(strcmp(student[1].sno,"39")>0){
            printf("\n 学生学号不能大于 39! ");
            getch( );
            return;
        }
        if(total! = 0){
            //在 student 数组中按学号查找该学生记录并显示
            for(i = 0;i<total;i++){
                fread(student,sizeof(struct grade),1,fpIn);
                if(strcmp(student[0].sno,student[1].sno) == 0){
                    printf("\n 学号: %s",student[0].sno);
                    printf("\n 姓名: %s",student[0].name);
                    printf("\n 语文: %.1f",student[0].chinese_grade);
                    printf("\n 英语: %.1f",student[0].english_grade);
                    printf("\n 数学: %.1f",student[0].math_grade);
                    printf("\nC 语言: %.1f",student[0].c_grade);
                    printf("\n 总成绩: %.1f",student[0].total_grade);
                    printf("\n 平均分: %.2f",student[0].average_grade);
                    printf("\n----------------------------");
                    findFlag = 1;            //若找到, 设已找到标志 findFlag 为1
                    break;
                }
            }
        }
    }
}
```

7. Stu_sort.c 源文件

```
//显示学生名次
#include <stdio.h>                //不能省略，因为该文件是单独编译的
#include <string.h>
#include "Stu_data.h"
/*
 * 函数名称: sortCard
 * 函数功能: 显示学生名次处理(排序)函数
 * 形式参数: 无
 * 返 回 值: 无
 */
void sortCard( ){
    FILE *fpIn;
    struct grade student[101];
    int total,i,j;
    //clrscr( );                 //此命令在 Visual C 中不能使用, 请使用下一行语句
    system("cls");
```

```
fpIn = fopen("student_card.dat","rb");
if(fpIn == NULL){
    printf("\n 卡片库打开失败！");
    getch( );
    return;
}
fread(&total,sizeof(int),1,fpIn);               //读取人数到 total 中
if(total! = 0){
    fread(student,sizeof(struct grade),100,fpIn);
}
//读取所有记录到 student 数组中
if(total> = 100)
    total = 99;
if(total == 0){
    printf("\n 卡片库里没有学生！");
    getch( );
    return;
}
//根据平均成绩排序 student 数组
for(i = 0;i<total-1;i++){
    for(j = total-1;j>i;j--){
        if(student[j].average_grade>student[j-1].average_grade){
            //memcpy(&student[100],&student[j],sizeof(struct
grade));
            //memcpy(&student[j],&student[j-1],sizeof(struct
grade));
            //memcpy(&student[j-1],&student[100],sizeof(struct
grade));
            student[100] = student[j];
            student[j] = student[j-1];
            student[j-1] = student[100];
        }
    }
}
//输出排序结果
for(i = 0;i<total;i++){
    printf("\n 第%d 名：",i+1);
    printf("\n 学号：\t%s",student[i].sno);
    printf("\n 姓名：\t%s",student[i].name);
    printf("\n 语文：\t%5.1f",student[i].chinese_grade);
    printf("\n 英语：\t%5.1f",student[i].english_grade);
    printf("\n 数学：\t%5.1f",student[i].math_grade);
    printf("\nC 语言：\t%5.1f",student[i].c_grade);
    printf("\n 总成绩：%5.1f",student[i].total_grade);
    printf("\n 平均分：%5.1f",student[i].average_grade);
    printf("\n--------------------------");
```

```
        getch( );
    }
}
```

12.4.2　基于单链表结构的代码实现

```
#include <stdio.h>
#include <stdlib.h>
#include <string.h>
#include <conio.h>
#include <malloc.h>
//#include <windows.h>
#define LEN sizeof(struct grade)
//定义数据结构
typedef struct grade{
    char sno[4];                        //学号
    char name[20];                      //姓名
    float chinese_grade;                //语文成绩
    float english_grade;                //英语成绩
    float math_grade;                   //数学成绩
    float c_grade;                      //C 语言成绩
    float total_grade;                  //总成绩
    float average_grade;                //平均成绩

    struct grade *next;
}STUDENT;
//声明函数
void menu_control( );                   //菜单控制函数
STUDENT *create( );                     //创建链表函数
STUDENT *add(STUDENT *head);            //插入记录函数
STUDENT *del(STUDENT *head);            //删除记录函数
STUDENT *update(STUDENT *head);         //修改记录函数
STUDENT *search(STUDENT *head);         //查找记录函数
void list(STUDENT *head);               //显示记录函数
STUDENT *sort(STUDENT *head);           //排序链表函数
void save(STUDENT *head);               //转存链表数据函数。将数据从链表导出到文件
STUDENT *load( );                       //文件数据导入函数。将数据从文件导入到链表
void input_score(STUDENT *stu);         //键盘输入记录函数
STUDENT *head = NULL;
//主控函数
int main(int argc, char *argv[]){
    //STUDENT *head = NULL;
    menu_control( );
    return 0;
}
/*
 * 函数名称：menu_control
```

```
*  函数功能：菜单显示与控制函数
*  形式参数：无
*  返 回 值：无
*/
void menu_control( ){
    int quit = 0;
    do{
        //== == == == == 菜单定义与显示 == == == == ==
        //定义菜单字符串数组(二维字符数组)
        const int menu_length = 10;
        char *menu[] = {
            " 1. creat link",
            " 2. add record",
            " 3. delete record",
            " 4. update record",
            " 5. search record",
            " 6. list record",
            " 7. sort linklist",
            " 8. save to file",
            " 9. load from file",
            "10. quit"
        };//应注意此菜单的序号及含义应与有关的 switch 开关结构的定义相一致
        int i,choice,inputType;
        do{
            //clrscr( );                                      //清屏
            system("cls");
            printf("\n\t********学生成绩管理系统********");
            for(i = 0;i<menu_length;i++){
                printf("\n\t\t%s",menu[i]);
            }
            printf("\n\t********************************");
            printf("\n\tEnter you choice(1--10): ");
                                                //在菜单窗口外显示提示信息
            inputType = scanf("%d",&choice);    //输入选择项
        }while(choice<1||choice>10);            //选择项不在 1-10 之间重输
        //== == == == == 菜单选项处理与模块调用控制 == == == == ==
        switch(choice){                         //调用主菜单
            case 1:head = create( );      break; //创建链表
            case 2:head = add(head);      break; //插入记录
            case 3:head = del(head);      break; //删除记录
            case 4:head = update(head);   break; //修改记录
            case 5:head = search(head);   break; //查找记录
            case 6:list(head);            break; //显示记录
            case 7:head = sort(head);     break; //排序链表
            case 8:save(head);            break; //转存链表数据函数
            case 9:head = load( );        break; //文件数据导入函数
```

```
                case 10:quit = 1;//exit(0);        //结束程序
            }
        }while(quit! = 1);                          //quit 变量值为 1，将退出循环
}
/*
 * 函数名称: create
 * 函数功能: 创建链表函数
 * 形式参数: 无
 * 返 回 值: struct grade *型，为指向新建的单链表头结点的指针
 */
STUDENT *create( ){
    STUDENT *head = NULL,*stu;
    while(1){
        //clrscr( );                                //清屏
        system("cls");

        stu = (STUDENT*)malloc(sizeof(STUDENT));    //申请内存空间
        if(!stu){
            printf("\nout of memory.");             //输出内存溢出
            return NULL;                            //返回空指针
        }
        printf("\nPlease input sno(if sno = '0', exit!): ");
        scanf("%s",stu->sno);
        if(strcmp(stu->sno,"0") == 0){
            break;                   //如果学号为"0"，则结束输入
        }
        input_score(stu);
        stu->next = head;            //将头结点作为新输入结点的后继结点
        head = stu;                  //新输入结点作为新的头结点
    }
    return head;
}
/*
 * 函数名称: add
 * 函数功能: 插入记录函数
 * 形式参数: head, struct grade *型，表示有待新增结点的单链表头指针
 * 返 回 值: struct grade *型，返回已新增结点的单链表头结点指针
 */
STUDENT *add(STUDENT *head){
    STUDENT *p0,*p1,*p2,*stu;
    int i,j,flag;
    //clrscr( );                                    //清屏
    system("cls");
    while(1){
        flag = 0;
        p2 = stu = (STUDENT*)malloc(LEN);     //申请内存空间
```

```
    printf("\nPlease input the student's information!");
                                //提示输入信息，当输入为"0"时退出
    printf("\nPlease input sno(if sno = 0, exit!): ");
    scanf("%s",stu->sno);
    if(strcmp(stu->sno,"0") == 0){
        break;
    }else{
        p2 = head;
        while(p2! = NULL){
                        //判断学号是否重复，若重复则需要重新输入学号
            if(strcmp(stu->sno,p2->sno)! = 0){
                p2 = p2->next;
            }else{
                printf("The sno is replicated, please input
again!\n");

                flag = 1;
                break;
            }
        }
        if(flag){
            continue;
        }else{
            input_score(stu);
        }
        //clrscr( );                                              //清屏
        system("cls");
    }
    p1 = head;
    p0 = stu;
    if(head == NULL){
        head = p0;
        p0->next = NULL;
    }else{
        while(p1->next! = NULL){
            p1 = p1->next;
        }
        p1->next = p0;
        p0->next = NULL;
    }
}
printf("\n------have inserted student------");
printf("\n--------Don't forget save--------\n");      //提示存盘
printf("Press any key to continue...\n");
getch( );
return(head);
}
```

```
/*
 * 函数名称：del
 * 函数功能：删除记录函数
 * 形式参数：head, struct grade *型，表示有待删除结点的单链表头指针
 * 返 回 值：struct grade *型，返回已删除指定结点的单链表头指针
 */
STUDENT *del(STUDENT *head){
    STUDENT *p1,*p2;
    char sno[4];
    //clrscr( );                            //清屏
    system("cls");
    //输入学号作为查找依据，当所输入为"0"时，退出删除
    printf("\nPlease input sno(if sno = 0, exit!): ");
    scanf("%s",sno);
    while(strcmp(sno,"0")! = 0){            //输入学号为"0"时退出循环
        if(head == NULL){                  //若链表为空，则无需处理并返回
            printf("\nNo person!");
            return(head);
        }
        p1 = head;
        while((strcmp(sno,p1->sno)! = 0)&&(p1->next! = NULL)){
            //在链表中依据 sno 进行查找
            p2 = p1;
            p1 = p1->next;
        }
        if(strcmp(sno,p1->sno) == 0){
            if(p1 == head){
                /*若需删除的结点为头结点，只需将头指针指向该结点的后继结点，并释
放 p1 结点*/
                head = p1->next;
                free(p1);
            }else{         //将前驱结点的指针指向该结点的后继结点，并释放 p1 结点
                p2->next = p1->next;
                free(p1);
            }
            printf("Deleted: %s\n",sno);
        }else{
            printf("No person(sno: %s)!\n",sno);
        }
        printf("Press any key to continue...\n");
        getch( );
        //clrscr( );                    //清屏
        system("cls");

        printf("\nPlease input sno(if sno = 0, exit!): ");
        scanf("%s",sno);
```

```
        }
        printf("\n------have deleted student------");
        printf("Press any key to continue...\n");
        getch( );
        return(head);
    }
    /*
     * 函数名称: update
     * 函数功能: 修改记录函数
     * 形式参数: head, struct grade *型，表示有待修改结点的单链表头指针
     * 返 回 值: struct grade *型，表示指定结点已修改处理完毕的单链表头指针
     */
    STUDENT *update(STUDENT *head){
        char sno[4];
        STUDENT *stu;
        //clrscr( );                                    //清屏
        system("cls");
        printf("\nPlease input sno(if sno = '0', exit!): ");
        //输入学号作为查找依据，当所输入为'0'时，退出修改
        //scanf("%s",sno);
        gets(sno);
        while(strcmp(sno,"0")! = 0){
            if(head == NULL){
                //若链表为空，则无需处理并返回
                printf("\nNo person!");
                return (head);
            }else{
                stu = head;
                while((strcmp(sno,stu->sno)! = 0)&&(stu->next! = NULL)){
                    stu = stu->next;
                }
                if(strcmp(sno,stu->sno) == 0){
                    //若找到，则显示记录内容，然后进行修改
                    printf("----------------------------\n");
                    printf("|学号\t|姓名\t|语文\t|英语\t|数学\t|C 语言\t|总成绩
\t|平均分\t|\n");
                    printf("----------------------------\n");
                    printf("|%s\t|%s\t|%.1f\t|%.1f\t|%.1f\t|%.1f\t|%.1f\
t|%.2f\t|\n",
                            stu->sno,stu->name,stu->chinese_grade,stu->
english_grade,stu->math_grade,
                            stu->c_grade,stu->total_grade,stu->average_
grade);
                    printf("----------------------------\n");
                    printf("Please updated.\n");
                    printf("\nPlease input sno: ");
```

```
            //scanf("%s",sno);
            gets(sno);
            input_score(stu);
        }else{
            printf("No person(sno: %s)!\n",sno);
        }
        printf("Press any key to continue...\n");
        getch( );
        //clrscr( );                        //清屏
        system("cls");
        printf("\nPlease input sno(if sno = '0', exit!): ");
        //scanf("%s",sno);
        gets(sno);
    }
    }
    printf("\n-----have updated student-----");
    printf("\n-------Don't forget save------");
    printf("\nPress any key to continue...\n");
    getch( );
    return(head);
}
/*
 * 函数名称：search
 * 函数功能：查找记录函数
 * 形式参数：head, struct grade *型，表示有待查找结点的单链表头指针
 * 返 回 值：struct grade *型，表示已查找完毕的单链表头指针
 */
STUDENT *search(STUDENT *head){
    char sno[4];
    STUDENT *stu;
    //clrscr( );                            //清屏
    system("cls");
    printf("\nPlease input sno(if sno = 0, exit!): ");
    //输入学号作为查找依据，当所输入为"0"时，退出查找
    scanf("%s",sno);
    while(strcmp(sno,"0")! = 0){
        if(head == NULL){                    //若链表为空，则无需查找并返回
            printf("\nNo person!");
            return(head);
        }else{
            stu = head;
            while((strcmp(sno,stu->sno)! = 0)&&(stu->next! = NULL)){
                //在链表中依据 sno 进行查找
                stu = stu->next;
            }
            if(strcmp(sno,stu->sno) == 0){
```

```
                            //若找到，则显示记录内容
                            printf("----------------------------\n");
                            printf("|学号\t|姓名\t|语文\t|英语\t|数学\t|C 语言\t|总成绩
\t|平均分\t|\n");
                            printf("----------------------------\n");
                            printf("|%s\t|%s\t|%.1f\t|%.1f\t|%.1f\t|%.1f\t|%.1f\
t|%.2f\t|\n",
                                stu->sno,stu->name,stu->chinese_grade,
                                stu->english_grade,stu->math_grade,stu->c_grade,
                                stu->total_grade,stu->average_grade);
                            printf("----------------------------\n");
                    }else{
                        printf("No person(sno: %s)!\n",sno);
                    }
                    printf("Press any key to continue...\n");
                    getch( );
                    //clrscr( );                    //清屏
                    system("cls");
                    printf("\nPlease input sno(if sno = 0, exit!): ");
                    scanf("%s",sno);
            }
    }
    printf("Searching finishing!\n");
    printf("Press any key to continue...\n");
    getch( );

    return(head);
}
/*
 * 函数名称：list
 * 函数功能：显示记录函数
 * 形式参数：head, struct grade *型，表示待遍历显示输出的单链表头指针
 * 返 回 值：无
 */
void list(STUDENT *head){
    STUDENT *stu;
    int count = 0;
    //clrscr( );                            //清屏
    system("cls");
    if(head == NULL){
        printf("\nNo person!");
    }else{
        printf("----------------------------\n");
        printf("|学号\t|姓名\t|语文\t|英语\t|数学\t|C 语言\t|总成绩\t|平均分
\t|\n");
        printf("----------------------------\n");
```

```
                stu = head;
                while(stu! = NULL){
                    //显示链表中的所有记录
                    count++;
                    printf("|%s\t|%s\t|%.1f\t|%.1f\t|%.1f\t|%.1f\t|%.1f\t|%.2f\t|\n",
                        stu->sno,stu->name,stu->chinese_grade,stu->english_grade,
                        stu->math_grade,stu->c_grade,stu->total_grade,stu->average_grade);
                    printf("------------------------------\n");
                    stu = stu->next;
                }
            }
            printf("Student's number = %d\n",count);
            printf("Press any key to continue...\n");
            getch( );
        }
        /*
        * 函数名称：sort
        * 函数功能：排序链表函数
        * 形式参数：head, struct grade *型，表示待排序的单链表头指针
        * 返 回 值：struct grade *型，表示已排序的单链表头指针
        */
        STUDENT *sort(STUDENT *head){
            STUDENT *p,*tail,*q,*r;
            //clrscr( );                                    //清屏
            system("cls");
            tail = head;
            while(tail->next! = NULL){
                p = tail->next;
                if(p->average_grade>head->average_grade){
                    tail->next = p->next;
                    p->next = head;
                    head = p;
                }else{
                    q = head;
                    r = q->next;
                    while(p->average_grade<r->average_grade){
                        q = r;
                        r = q->next;
                    }
                    if(q == r){
                        tail = p;
                    }else{
                        tail->next = p->next;
```

```
                        p->next = 1;
                        q->next = p;
                    }
                }
            }
        printf("Sorting...");
        printf("Press any key to continue...\n");
        getch( );
        return(head);
}
/*
 * 函数名称: save
 * 函数功能: 保存链表数据函数。将数据从链表导出到文件
 * 形式参数: head, struct grade *型, 表示有待保存到文件的单链表头指针
 * 返 回 值: 无
 */
void save(STUDENT *head){
        char filename[20];              //保存文件名
        FILE *fp;                       //定义指向文件的指针
        STUDENT *stu;                   //定义记录指针变量
        //clrscr( );                    //清屏
        system("cls");
        printf("Enter the file name: ");
        //scanf("%s",filename);
        gets(filename);
        if((fp = fopen(filename,"wb")) == NULL){  //以写方式打开一个二进制文件
            printf("Can not open the file %s!\n",filename);
                                                //如不能打开, 则结束程序
            return;
        }
        stu = head;
        while(stu! = NULL){
            //将链表中的所有记录写入文件中
            fwrite(stu,sizeof(STUDENT),1,fp);
            stu = stu->next;
        }
        fclose(fp);
        printf("Saving...");
        printf("Press any key to continue...\n");
        getch( );
}
/*
 * 函数名称: load
 * 函数功能: 导入文件数据函数。将数据从文件导入到链表
 * 形式参数: 无
 * 返 回 值: struct grade *型, 表示单链表头指针, 该表保存了从文件读取的数据
```

```
                */
        STUDENT *load( ){
            //功能：从文件导入记录到链表
            STUDENT *p,*q,*head = NULL;              //定义记录指针变量
            FILE *fp;                                //定义指向文件的指针
            char filename[20];                       //输入文件名
            //clrscr( );                             //清屏
            system("cls");
            printf("Enter the file name: ");
            //scanf("%s",filename);                  //输入文件名
            gets(filename);
            if((fp = fopen(filename,"rb")) == NULL){//以读方式打开一个二进制文件
                printf("Can not open the file.\n");
                exit(1);                             //如不能打开，则结束程序
            }
            printf("\n-----Loading file!-----\n");
            p = (STUDENT*)malloc(sizeof(STUDENT));   //申请内存空间
            if(!p){
                printf("out of memory!\n");          //若申请失败，则提示内存溢出
                return(head);                        //返回空头指针
            }
            head = p;                                //申请到空间，将其作为头指针
            while(!feof(fp)){
                //循环读数据直到文件尾结束
                if(1! = fread(p,sizeof(STUDENT),1,fp)){
                    break;                           //如果没读到数据，跳出循环
                }
                p->next = (STUDENT*)malloc(sizeof(STUDENT));
                                                     //为下一结点申请内存空间
                if(!p->next){
                    printf("out of memory!\n");      //若申请失败，则提示内存溢出
                    return head;
                }
                q = p;                               //保存当前结点的指针，作为下一结点的前驱
                p = p->next;                         //指针后移，新读入数据链接到当前表尾
            }
            q->next = NULL;                          //最后一个结点的后继指针为空
            fclose(fp);                              //关闭文件
            printf("-----You have successfully read data from file!-----\n");
            printf("Press any key to continue...\n");
            getch( );
            return(head);                            //返回头指针
        }
        /*
         * 函数名称：input_score
         * 函数功能：键盘输入记录函数。对形参指针 stu 所指向的记录从键盘录入数据
```

```
* 形式参数: stu, struct grade *型
* 返 回 值: 无
*/
void input_score(STUDENT *stu){
    //输入姓名
    printf("Please input name: ");
    scanf("%s",stu->name);
    //输入语文成绩
    printf("Please input the Chinese's score(0~100): ");
    scanf("%f",&stu->chinese_grade);
    //数据合法性校验: 若输入数据不符合 0~100 范围, 则重新输入
    while(stu->chinese_grade<0||stu->chinese_grade>100){
        printf("Input error, please input the Chinese's score again: ");
        scanf("%f",&stu->chinese_grade);
    }
    //输入英语成绩
    printf("Please input the English's score(0~100): ");
    scanf("%f",&stu->english_grade);
    //数据合法性校验: 若输入数据不符合 0~100 范围, 则重新输入
    while(stu->english_grade<0||stu->english_grade>100){
        printf("Input error, please input the English's score again: ");
        scanf("%f",&stu->english_grade);
    }
    //输入数学成绩
    printf("Please input the Math's score(0~100): ");
    scanf("%f",&stu->math_grade);
    //数据合法性校验: 若输入数据不符合 0~100 范围, 则重新输入
    while(stu->math_grade<0||stu->math_grade>100){
        printf("Input error, please input the Math's score again: ");
        scanf("%f",&stu->math_grade);
    }
    //输入 C 语言成绩
    printf("Please input the C_language's score(0~100): ");
    scanf("%f",&stu->c_grade);
    //数据合法性校验: 若输入数据不符合 0~100 范围, 则重新输入
    while(stu->c_grade<0||stu->c_grade>100){
        printf("Input error, please input the C_language's score again: ");
        scanf("%f",&stu->c_grade);
    }

    //计算总成绩
    stu->total_grade = stu->chinese_grade+stu->english_grade+stu->math_grade+stu->c_grade;
    //计算平均成绩
    stu->average_grade = stu->total_grade/4;
}
```

参 考 文 献

Etter D M，2016. 工程问题 C 语言求解[M]. 宫晓利，等译. 北京：机械工业出版社.

简聪海，2014. 数值分析——使用 C 语言[M]. 4 版. 北京：北京航空航天大学出版社.

靳天飞，杜忠友，张海林，等，2010. 计算方法(C 语言版)[M]. 北京：清华大学出版社.

李航，2012. 统计学习方法[M]. 北京：清华大学出版社.

李少芳，张颖，2020. C 语言程序设计基础教程[M]. 北京：清华大学出版社.

刘杰，鞠成东，郭江鸿，等，2022. 程序设计与问题求解[M]. 北京：人民邮电出版社.

卢守东，2017. C 语言程序设计实例教程[M]. 北京：清华大学出版社.

裘宗燕，2011. 从问题到程序：程序设计与 C 语言引论[M]. 北京：机械工业出版社.

苏小红，赵玲玲，孙志岗，等，2019. C 语言程序设计[M]. 4 版. 北京：高等教育出版社.

谭浩强，2020. C 语言程序设计[M]. 4 版. 北京：清华大学出版社.

王小平，曹立明，2002. 遗传算法：理论、应用与软件实现[M]. 西安：西安交通大学出版社.

吴良杰，郭江鸿，魏传宝，等，2012. 程序设计基础[M]. 北京：人民邮电出版社.

肖筱南，赵来军，党林立，2016. 现代数值计算方法[M]. 2 版. 北京：北京大学出版社.

战德臣，2018. 大学计算机：理解与运用计算思维(慕课版)[M]. 北京：人民邮电出版社.

张书云，2021. C 语言程序设计[M]. 2 版. 北京：清华大学出版社.

张韵华，王新茂，陈效群，等，2022. 数值计算方法于算法[M]. 4 版. 北京：科学出版社.

周志华，2016. 机器学习[M]. 北京：清华大学出版社.